キミにもなれる!

愛玩動物看護師・トリマー・ドッグトレーナー

監修
TCA東京ECO動物海洋専門学校

つちや書店

キミにもなれる！ 愛玩動物看護師・トリマー・ドッグトレーナー

目次

※本書は2023年12月31日現在の法令に基づき解説をしています。また、インタビューはすべて2022年12月現在のものです。

prologue
動物に関わる仕事っていいな
次はグループ発表だからしっかりまとめておくように
それから前に配布した進路希望の調査票も来週までに提出ですよ
やることいっぱいじゃん
やべー
進路かあ
神《かん》崎《ざき》未《み》来《く》
うーん
どうしようかな
ず〜〜ん
やっぱりあれしかないかな〜

未来!!
びくっ
ねえ 未来 聞いてる?
あ ごめん 聞いてなかったよ なに?
びっくりしたぁ
堂島《どうじま》達哉《たつや》
グループ発表のまとめ どこかに集まって やろうかって 達哉と話してたんだよ
今井《いまい》佳那《かな》
じゃあ うちに来る?

大丈夫？迷惑じゃない？
大丈夫！ちょうど見せたいものもあったんだ
見せたいもの？
なに？お宝？
それはまだナイショ！
ただいまー

部屋で勉強するからー
おかえりー
おじゃましまーす
ちょっとちらかってるけどー
もぞっ
ニャー
キャー猫!!かわいいい!!

見せたいものって この子だったのね
ニャー ニャー
ふたりとも 猫アレルギーは 大丈夫？
大丈夫
動物大好き！ うちにも犬が 2匹いるし 名前は なんていうの？
コムギよ
トコトコ
ちょこん
えっ 意外！ コムギって人見知りで 初対面の人に寄りつく ことなんてないのに
オレ 子どもの頃から なぜか動物には 好かれるんだよな
にゃー にゃー

でも…
コムギ
足をちょっと引きずってない？
うん じつはこの間 私の不注意で ドアに足を はさんじゃって
ニャ
そうか お前大変 だったな
ニャ？
そのとき 家に私ひとりだったから どうしていいか わからなくて
コムギも すごく痛そうに してて
とにかく近所の 動物病院に 連れて行ったの…

私のせいでコムギが大変なことになったらどうしようって
ニャー
ニャー
怖くて怖くて…
でもそんな私にずっと声をかけてくれた看護師さんがいて
安心して！
コムギちゃんっていうんだ
私 その看護師さんが忘れられないんだ

それからずっと考えてるの
私も　あんなふうに動物と飼い主に寄り添える動物の看護師さんになれたらいいな～って
いいじゃん!!やさしい未来にぴったりだよ！
ホント!!
じつは私も小さい頃から犬とずっと一緒に過ごしてきたから犬に関わる仕事にあこがれていたんだ
ワン
ワン

動物に関わる
仕事か…
じつはね
ほかにも動物
飼ってるんだ
え～！
ホント⁉
見せて見せて
じゃん
ヒョウモントカゲモドキ
っていうんだー
かわいいでしょ
ヒィイイイイ

PART 1

ペット業界の仕事がまるわかり！

動物に関わる仕事と資格

目指す
は？

ペット関連の仕事

この本で紹介するのはココ！

ペット医療や美容、しつけなど、職業が細分化してより高度に！

獣医師

動物理学療法士

動物看護師

ドッグトレーナー

アニマルセラピスト

犬訓練士

ペットシッター

トリマー

アニマルカフェスタッフ

ペットホテルスタッフ

ペットブリーダー

ペットエステティシャン

ペットショップスタッフ

水生・海洋系の仕事

海洋生物を扱う仕事。とくに水族館のトレーナーは人気の職業。

水族館飼育員

アクアリスト

魚類ブリーダー

アクアショップスタッフ

海獣トレーナー

ドルフィントレーナー

水槽メーカースタッフ

動物飼育系の仕事

近年は展示方法やショーの企画など、発想力も求められる傾向に！

動物園運営

動物ショーなどの
アニマルパフォーマー

動物園飼育員

サファリパーク
スタッフ

動物保護施設
スタッフ

観光牧場
スタッフ

競走馬の
調教師や厩務員

酪農・畜産系の仕事

業界は縮小傾向だが、ブランド牛など高品質化の動きが進んでいる。

酪農家・
畜産農家

畜産技術者

自然・環境系の仕事

動物保護や環境問題が注目され、昨今、分野の広がりを見せている。

博物館スタッフ

海洋生物
調査員

アクティブレンジャー
（自然環境調査員）

ネイチャーガイド

ダイビング
インストラクター

猟師

PART 1

01

ペットに関わる仕事って？

医療・介護系の職業

獣医師

動物病院、動物園、水族館などで動物の治療をする仕事。研究施設や製薬会社で薬や病理の研究をすることもある。

動物看護師

動物病院などで、診療の補助や動物の健康チェックなど看護業務を担当。

⇨詳しくは P.31へ

動物理学療法士

手技や器具、プールなどを使い、動物（主に犬）の運動能力の維持や回復を手伝う。動物看護師として働きながら理学療法の技術を活かしている人も多い。

アニマルセラピスト

動物と触れ合うことで人の心を癒したり、メンタルの向上を手助けする仕事。病院や高齢者施設、介護者施設のほか、動物カフェなどで働くことが一般的。

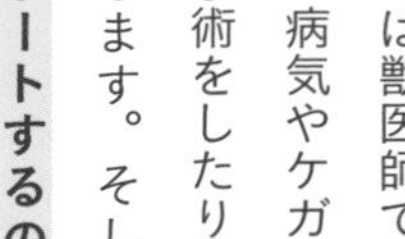

ペット業界にはさまざまな職業がある

動物を飼っていたり、犬や猫が好きで、ペットに関わる仕事にあこがれを抱いている人は多いでしょう。ペットに関わる仕事で一番認知度が高い職業といえば獣医師です。獣医師は動物の病気やケガを診断し、時には手術をしたり投薬をして治療をします。そして、**獣医師をサポートするのが動物看護師です。動物の病気やケガの改善の**

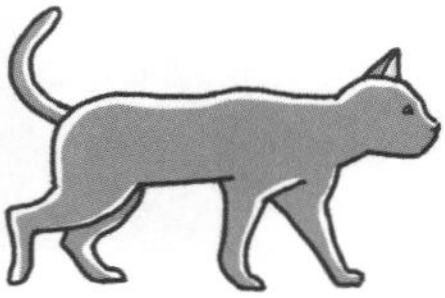

サービス・訓練系の職業

ペットホテルスタッフ

短期、または長期で飼い主からペットを預かり、世話をする仕事。動物病院やペットサロンがペットホテルを経営していることも多い。

ペットカフェスタッフ

犬や猫、フクロウなどの小動物と触れ合えるカフェで、接客や飼育動物の健康管理を行う。

ドッグトレーナー

家庭犬にしつけやマナーを教えたり、警察犬や盲導犬など、働く犬を訓練する仕事。⇨詳しくは P.109へ

ペットシッター

飼い主の自宅で、ペットの散歩や食事、掃除などの世話を行う。留守中に家のカギを預かるケースがほとんどで、信用・信頼関係が重要な仕事。

トリマー

ペットサロンなどで、犬や猫の毛や爪、耳などの手入れを行う仕事。ペットの美容師。⇨詳しくは P.81へ

ほかにも、
ペットショップの店員、
動物保護団体のスタッフ、
ペットプロダクションスタッフ
などがある。

ために、世話をしたり、診療の補助を行います。

動物病院以外で働く仕事には**犬や猫にシャンプーやカットをして身だしなみを整えるトリマー**のほか、吠えぐせや噛みぐせのある犬を飼い主から預かり、**しつけを行うドッグトレーナー**などもあります。

現代はペット医療の技術も飛躍的に進歩し、それに伴い、ペットに関わる新しい職業も増えています。また、飼い主のライフスタイルも多様化し、ペットにかける費用も年々増えているため、ペットに関わる仕事は今後、より細分化され、ますます盛んになると考えられています。

PART 1

02

ペット業界の市場と現状は？

ペット関連総市場規模推移

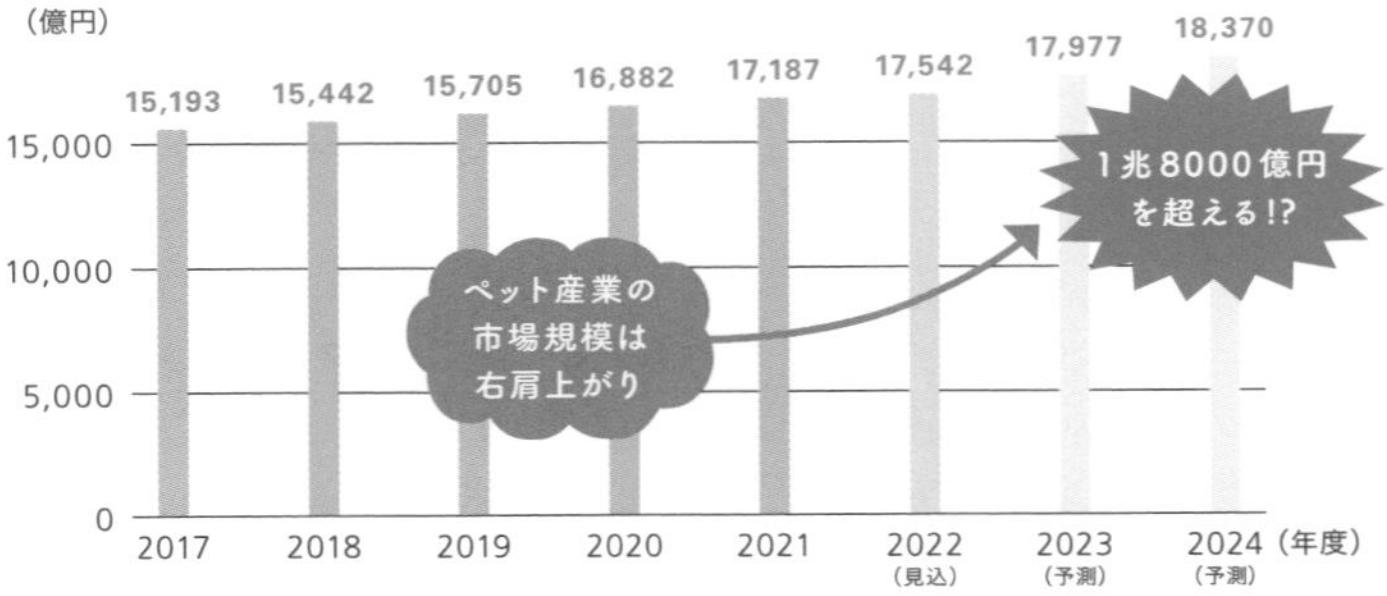

出典：矢野経済研究所「ペットビジネスに関する調査を実施（2022年）」より

1年間にかかるペットの費用	犬	猫
	357,353円	160,766円

支出が大きいベスト3の内訳を見ると……

項目	金額
医療費 ※ワクチンなどの予防費を含む。	101,521円
食費、おやつ費	66,066円
ケアやトリミング費	47,273円

出典：アニコム損害保険「ペットにかける年間支出調査」2022年版より

お金がかかるのは医療・食・美容

左表は「飼い主が犬1匹にかける年間金額のなかで支出が大きいベスト3」。年々、金額は増加している。ちなみに、猫はトリミング費が犬よりも安く、総額は低い傾向にある。

業界全体の売上は盛況でビジネスの広がりが期待

ペット業界の市場は、年々、拡大しており、それに伴ってペットビジネスも活気を見せています。

好調の要因は、**飼い主に「ペットは大切な家族」という考えが一般化**し、1匹にかける金額が高くなったことが考えられますが、犬や猫を**室内で飼う人が増えたことで、ペットの体調の変化に気づきやすくなったこと、**

ペット業界に活気がある3つの理由

癒してくれる存在

ペットを世話することで、癒される、家族が明るくなったという人は多い。これは科学的にも証明されていて、脳内に幸せホルモンの「オキシトシン」が放出されるから。最近は、病院や介護施設などで動物と触れ合うことで効果を期待する、アニマルセラピーも注目されている。

ペットが人と社会をつなげている

散歩やドッグランなどで交流が生まれ、飼い主同士で情報交換が行われることで、ペットが人と人をつなぐ存在になる。そこからペット関連の商品や医療、施設が話題となり、業界全体の好景気につながっている。

家族の一員として大切にされている

子どもの数よりもペットの数が上まわる日本では、ペットはもはや家族の一員。「ストレスなく日々を過ごしてほしい」「少しでも健康で長生きしてほしい」という思いから、ペットにかける金額は高くなっている。

また、ペットの身だしなみや食事にお金をかける文化が浸透したことも大きな要因といわれています。

それを裏付けるように、ペット（犬の場合）にかける支出で最も多いのがケガや病気、予防注射などの「医療費」。次いで「食費、おやつ費」、爪切り・シャンプー・カットなどの「ケアやトリミング費」の順になっています。

今後は、犬のしつけ教室やペットの介護・保険、高齢ペットのサポートビジネスなどの需要も高くなるともいわれており、ペット業界全体のますますの盛り上がりが期待されています。

PART 1

03 ペット業界で働くための資格

国家資格

愛玩動物看護師

獣医師の指導のもと、診療補助ができる。指定された学校で3年以上学び、卒業することで受験資格が得られる。

国家資格

獣医師

動物治療のための医師免許。大学の獣医学科を卒業後、国家試験に合格すると獣医師免許を取得できる。

知識と技術を証明する国家資格は2つだけ

ペット関連の職業で国家資格が必要なのは、獣医師と動物看護師ですが、それ以外の職業では、とくに資格は必要ありません。しかし、**資格を持つことで社会的な信用が高くなり、スキルアップにもつながります。また、就職活動ではアピールポイントにもなる**ので、気になる資格があれば、どんどんチャレンジしていきましょう。

取得しておきたい民間資格

民間の団体や企業が独自の基準で認定した資格でも、ペット業界で働くときには能力の証明になります。

愛玩動物飼養管理士

【難易度★★☆☆】

日本愛玩動物協会が認定。犬や猫、ハムスター、ウサギ、鳥類、爬虫類の習性や正しい飼い方、動物に関わる法令などの知識や技能を証明する資格。1級と2級がある。

▶ 2級は15歳以上、1級は2級資格保持者であれば受験できる。

ペット栄養管理士

【難易度★★☆☆】

日本ペット栄養学会が認定。ペットに必要な栄養素や年齢に合わせた食事、摂取してはいけないものなど、動物の栄養管理に特化した資格。

▶ ペット栄養管理士養成講習会ABCを受講すれば受験資格が得られる。

JKC公認トリマー

【難易度★★★☆☆】

ジャパンケネルクラブ（JKC）が認定。技術と経験でC級、B級、A級、教士、師範の5種類に分かれている。トリマーとして独立するにはA級以上は必須。

▶ JKC公認の専門学校や養成学校を卒業すれば受験資格が得られる。

日本警察犬協会認定 公認訓練士

【難易度★★★★☆】

日本警察犬協会が認定。犬の訓練のプロである証。5クラスあり、一番難易度の低い三等訓練士の受験でも、協会の訓練所に入所する必要がある。

▶ 日本警察犬協会の会員で、訓練経験と実績があれば受験できる。

民間資格で一般的な資格といえば、**ペットの飼育や動物関連の法律などの知識の証明になる「愛玩動物飼養管理士」です。**動物看護師、トリマー、ドッグトレーナー、ペットシッター、ペットショップやペットホテル・動物保護施設のスタッフなど、ペット業界で働く多くの人が取得しています。

また、上記4つの民間資格以外にも、犬の育て方をアドバイスする「ドッグライフカウンセラー」、災害や緊急時にペットの健康と命を守る「愛玩動物救命士」、ペット犬をトレーニングする「家庭犬トレーナー（2級または1級）」なども人気です。

PART 1

04

＼国家資格に！／

愛玩動物看護師資格とは？

愛玩動物看護師　国家試験の内容

＊第1回目の試験は2023年2月に実施、全国19の会場で約2万人が受験。

☑ 出題範囲	基礎動物学、基礎動物看護学、臨床動物看護学、愛護・適正飼養学の4科目群など24科目
☑ 問題	マークシート方式（全問題数：200～240問）
☑ 試験実施	試験は年に1回（2月試験：3月合格発表）
☑ 試験日数	1日間
☑ 合格基準	必須問題は正答率70%以上 一般問題・実地問題は正答率60%以上
☑ 受験手数料	27,200円

大学や専門学校で学び、受験資格を得るのが条件

愛玩動物看護師を養成する大学や指定の専門学校で3年以上学び、指定科目（基礎動物学、基礎動物看護学、臨床動物看護学、愛護・適正飼養学および実習など）を終了している人。

卒業と同時に試験資格が得られる大学や専門学校は下記で検索しよう。

- 動物看護師　農林水産大臣及び環境大臣が指定する科目を開講する大学
- 動物看護師　都道府県が指定する養成所

責任と期待が求められる国家資格

これまで動物看護師に必須の資格はなく、専門学校などで学び「認定動物看護師」などの民間資格を取得するのが一般的でした。しかし、近年のペットブームや獣医療の高度化で動物看護師に求められることが多くなり、2023年から国家試験が始まり、「愛玩動物看護師」の有資格者が誕生しています。

動物看護師が国家資格になっ

資格によって行える業務は違う

これまで動物の世話などを中心に働いていた動物看護師。しかし、国家資格を取得することで、獣医師が行っていた一部診療の業務ができるようになります。

獣医師のみが行える業務	愛玩動物看護師が行える業務	資格がなくても行える動物看護師の業務
・手術 ・X線検査 ・診察に基づく診断 ・薬の処方　など	・輸液剤の注射や採血 ・投薬 ・マイクロチップの挿入 ・カテーテルによる採尿 （すべて獣医師の指導下で行う） ・動物介在教育※1（AAE）への支援 ・動物介在活動※2（AAA）への支援 ・高齢の飼い主などに対し、訪問や電話等で飼育に関する助言 ・災害発生時に地方自治体と連携協力した被災動物の飼養支援 ・ペットショップなどで、動物のライフステージに合わせた栄養管理	・入院動物の世話 ・体温測定 ・治療中に動物の体を押さえる保定 ・グルーミングに関する指導　など

※1 動物介在教育（AAE）とは

犬が教室にいると子どもに落ち着きが見られるなどの研究を受け、教育現場に訓練された動物（犬）を介在させ、日常的に動物と過ごす環境を作る活動のこと。

※2 動物介在活動（AAA）とは

高齢者施設などで動物をなでたり、呼びかけや触れ合い活動をすることで、癒し効果と情緒の安定を高める、医療行為を伴わない治療のこと。

たことで、**輸液剤の注射・採血、投薬、マイクロチップ挿入、カテーテルによる採尿などの診療補助**が行えるようになりました。

また、**小学校で行われている動物介在教育**※1（学校犬などを置き、一緒に遊ぶ、世話をするなど、日常的に児童が動物と触れ合う環境を作る活動）**のサポートや、高齢者施設での動物介在活動**※2（動物との触れ合いを通して心の安定を図る活動）**の支援**もできるようになりました。

今後、国家資格を持つ動物看護師が増えることで、動物医療の向上はもちろん、教育・介護現場への支援、充実が期待されています。

PART1

05

動物看護師ってどんな仕事？

動物の世話

入院動物の世話や薬の在庫管理、清掃、受付・会計など、快適に治療が受けられるように環境を整える。

診療の補助

動物看護師は獣医師の指示のもとで、採血・採尿・投薬などの補助ができる。

飼い主への支援

しつけや日常のケアなど、飼い主の困り事や相談に応じて、ペットが家庭で健康に暮らせるサポートをする。

社会支援

学校や高齢者施設などで、動物を介在させた教育や触れ合い活動の支援を行う。

苦しみに向き合う力も時には必要！

動物看護師にとって、大切なことはなんだと思いますか？「動物が好きなこと」と答える人も多いでしょう。しかし、「好き」や「思いやりの気持ち」は当然のことで、それよりも、**「動物の苦しみに冷静に向き合えること」が大切**です。

動物看護師は、動物の元気な姿だけでなく、苦しんでいる姿を目の当たりにする仕事です。

先輩動物看護師がアドバイス！

こんな動物看護師が求められている

どんなときも冷静な判断ができる

動物病院は命と向き合う現場。病状が急変したり、助けられないこともあるけれど、そこで動揺していては適切な治療ができない。常に冷静に行動することが求められる。

経験を積むことで、少しずつ身に付くから安心して。

洞察力があり、些細な変化を見逃さない

動物の状態をよく観察し、変わったことがあれば獣医師に報告するのも動物看護師の重要な役割。普段から周囲を見て、些細な変化にも気がつく人は適性あり！

治療に必要な道具の準備など、今、必要なことを判断する洞察力が求められる場面は多い。

チームで仕事ができる

仕事場では獣医師や仲間とのチームワークが必須。まわりとしっかりコミュニケーションを図りながら、「自分がなにをすべきか」を考えて動ける人が求められる。

獣医師、同僚、飼い主の協力があって動物たちの命が救えるよ。

なかには助けられず、命を落としてしまうこともありますが、そんな場面でも冷静に対処しなければなりません。

また、飼い主との会話や動物の行動から、状態を的確に把握して医師に伝えたり、投薬について飼い主にわかりやすく説明することも重要な仕事です。それには**「聞く力」と「伝える力」が必要**になります。

言葉を話せない動物の**よき理解者、そして飼い主のよきアドバイザーになることを意識しながら、命を預かっているという責任感を持って常に冷静に対処する**――それが動物看護師に求められる力です。

PART 1

06 トリマーってどんな仕事？

ペットの美容師

ペットサロンやペットショップ、動物病院などで、犬や猫のスタイリング・カットを行うペットの美容師。

健康チェック

おびえる動物を落ち着かせながら、皮膚の異常がないかの確認や体のチェックを行う。

動物に合わせたケア

とくに高齢犬は施術で疲れさせないことが大切。負担を最小限にするために、スピーディーに仕上げる技術力は必須。

動物と飼い主の笑顔が喜び

飼い主の笑顔と感謝の言葉、かわいく仕上がった動物の姿が、なによりのやりがいに。

カットセンスと技術力のほか体力・忍耐力が求められる

おしゃれなイメージのトリマーですが、手先の器用さやカットセンスのほかに、体力と忍耐力も必要です。

1匹の施術にかかる時間は短くても1～2時間。大型犬になると3時間かかることもあります。立ちっぱなしの仕事で、時には暴れるペットを押さえたり、40kgもある大型犬を抱えて作業することもあります。じっとお先輩トリマーがアドバイス!

こんなトリマーが求められている

体力と忍耐力がある

ドライヤーの熱気と動物のにおいの中、立ちっぱなしで汗だくになりながらも、笑顔で飼い主の要望に合わせてトリミングを仕上げる体力と忍耐力が必要。

動物はかわいい。でも「好き」だけで続けるには厳しい世界。

流行に敏感

トリミングやカットには流行があり、常にさまざまな媒体から情報をキャッチする努力は必要。流行を取り入れながらも飼い主の要望にも答えるのがプロの仕事。

あらゆる情報をキャッチし、常にアップデートすることが大切!

コミュニケーション能力が高い

施術対象者は動物ですが、お客様は飼い主。再び来店してもらうためには、適切なコミュニケーションとアドバイスを心がけ、飼い主にも満足してもらうことが大切。

ペットとの良好な関係、飼い主への丁寧な応対が重要!

となしく施術を受けてもらうには、**犬の気持ちを察する力と技術的なテクニックに加え、「かわいくしてあげたい」という気持ちと、あきらめない忍耐力**も必要です。ちなみに技術力のあるトリマーになると、動物が安心してウトウト寝てしまうような施術が行えるようになります。

また、ペットサロンは動物病院以上に「サービス業」という認識が強くなる傾向にあります。それは、トリミング技術以外に、たとえば終了予定時間が少し遅くなりそうなら、飼い主にすぐに電話をして不安にさせない気配りをする接客技術も求められるからです。

PART1

07

ドッグトレーナーってどんな仕事？

家庭犬の訓練

家庭犬のドッグトレーナーは、飼い主が困っている犬の問題行動を解消したり、基本的なしつけや人間との生活のルールを教える。

人のために働く犬を訓練

警察犬や盲導犬など、人のために働く犬の訓練を行う。人命に関わるため、より厳しい訓練が必要。

親子のような関係

家庭犬のしつけでは、犬と訓練士は「親子」のような関係性で、褒めながらしつけるのが一般的。飼い主には犬との接し方の指導も行う。

上司と部下のような関係

働く犬の訓練は各訓練施設で、犬の成長を確認しながら担当訓練士が訓練内容を決める。犬との関係は「上司と部下」のようなもの。

常に飼い主とペットが快適に暮らすことを意識

ドッグトレーナーになるには、まず、何事もあきらめずにチャレンジするねばり強さを持っていることが大切です。

ドッグトレーニングでは、同じ動作を何度も繰り返して犬にルールを覚えさせます。とくに成犬になってからしつけ教室にくるペットは、一筋縄ではいかないこともしばしばあり、**愛情深く、辛抱強く、長期間になっ**

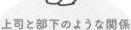

先輩ドッグトレーナーがアドバイス!

こんなドッグトレーナーが求められている

観察力がある

犬のサインを読み解き、どうすれば指示を理解してくれるかを考えて教えるのがトレーナーの仕事。どんな動作も見逃さない観察力はとても重要な能力。

いろいろなものを観察して考え、分析するクセをつけよう。

持久力と筋力がある

走りまわるのが大好きな犬のトレーニングには持久力が必要。グイグイと引っぱる犬を制したり、危険を回避するときには、ある程度の筋力が必要。

日頃の運動で、体力と筋力、そして持久力をつけよう。

瞬時に対応する能力がある

犬の行動に対して、すぐに「Good」と「No」を使い分ける判断力が大切。

基本は「Good」で褒めてできることを伸ばす訓練を行っているよ。

ても動物と向き合う必要があります。

また、体力も重要です。**犬と遊びながらのコミュニケーションや散歩、施設の掃除など、体を動かすことが多い**ためです。

さらに、飼い主との対話スキルも大切です。**飼い主がどんなことに困っていて、どのようなしつけを求めているのかを正確に把握できなければ、飼い主も安心して依頼できません。**教室ではできているのに家ではできない、などが起こらないよう、犬との接し方を飼い主に指導することも大事な仕事。人間と動物が快適に過ごせるよう導く力が必要です。

ペットのイベントに行ってみよう

犬や猫と一緒に参加できるイベントや、
さまざまなペットグッズが販売されるイベントが全国各地で開催されています。
ペット業界の仕事に興味がある人は、ぜひ参加してみましょう。

おすすめのペットイベント

インターペット

愛犬同伴で楽しめる日本最大のペット業界向けの国際見本市。毎年、東京と大阪で開催されている。

Pet博

千葉、神奈川、大阪、愛知などで毎年、開催されるイベント。ペット愛好者同士の交流の場にもなっている。

わんにゃんドーム

毎年、名古屋で催される東海エリア最大級のペットふれあいイベント。福岡や埼玉でも開催されている。

SippoFesta（しっぽフェスタ）

愛犬との過ごし方の提案や殺処分をゼロにするための啓発活動などを目的に、毎年、東京で開催されている。

イベントやおでかけなど、人混みでペットを連れて歩くときの注意点！

- ☑ ペット用の水分補充の水、フンを片付ける袋などを持参する。
- ☑ もしものときのために、トイレシートがあると便利。
- ☑ ペットには、飼い主の連絡先を書いた迷子札をつけておく。
- ☑ リードは短くて丈夫なものを使用する。
- ☑ 慣れない場所での人混み、音や光などで疲れていないか、こまめにペットの様子を確認する。

PART 2

病気やケガで苦しむ動物に寄り添いたい！

動物病院で働く 動物看護師になりたい！

あこがれを抱いて
コムギ!!
ニャー
ごめん！大丈夫!?
どうしよう～どうしよう～
と　とにかく動物病院に連れて行かないと

動物病院
動物病院
ハァ
ハァ
ハァ
ハァ
ハァ
ドアに足をはさんじゃって！
病院に連れて来てくれてありがとう
心配しないで！先生がすぐに診てくれるから
急患です
ニャー
ニャー

ガラッ
コムギは大丈夫ですか？
安心してください 今 先生が 診てますから
…
それ もしかして コムギが やったんですか!? ごめんなさい！
大丈夫 なんでもないわ
でも…！
コムギちゃん からすれば ケガをして 痛みもあるし
病院という 知らないところに 連れてこられて 不安になっている だけだから…

レントゲンで見たけれど
骨折はしてなくて
打撲で腫れている
だけだから
しばらく
足を引きずるかも
しれないけれど
治るから大丈夫
よかった～
家だからって
安心せず
気をつけてあげてね
ありがとう
ございました
動物の
看護師さんか…

PART2

01 動物看護師が求められる役割は？

動物と飼い主と獣医師を結ぶサポート役

動物看護師は、ＡＨＴ（アニマル・ヘルス・テクニシャン）とも呼ばれ、主に動物病院で獣医師をサポートしながら働きます。

人間の場合、ケガや病気になると内科や整形外科、耳鼻科、皮膚科など、それぞれの専門病院にかかりますが、動物病院のほとんどは診療科ごとに分かれていないので、内科も歯科も、眼科も産科も、獣医師がすべてを引き受けます。

動物看護師の仕事は、そんな動物病院で**獣医師が治療に専念できるようサポートをしたり、来院した動物や飼い主が安心して治療を受けられるように環境を整えること**です。

現代社会において、ペットは家族にとってますます大切な存在になり、手厚い治療と看護が求められています。そのため**動物病院で働く動物看護師は、飼い主が望む充実した動物医療サービスを提供するために、獣医師と動物、獣医師と飼い主を結ぶ**重要な存在として、ますます期待されています。

動物看護師が働く主な職場

就業場所	就業人数	動物看護師が働く場所の割合
動物病院などの動物診療施設	1,200人	96.7%
動物看護師教育養成機関	26人	2.1%
企業・事務所	8人	0.6%
フリーランス・自営	3人	0.2%
老犬ホーム・ペットの訪問介護・看護、シッターなど	2人	0.2%
動物実験施設	1人	0.1%
米軍基地内の動物病院	1人	0.1%
総数	1,241人	

出典：日本動物看護職協会『動物看護師の勤務実態に関するアンケート調査(2020年)』

動物病院における動物看護師の重要性

「看る」役割

診療中はもちろん、待ち時間に動物の様子を観察し、入院中は回復の過程をケアしながら見守るのが動物看護師の役割。いつもと違う変化にいち早く気づき、獣医師に伝えることで適切な処置が行える。

動物看護師の仕事は常に動物ファースト。
どんなときでも、動物を注意して「看る」ことが大切！

「聞く」役割

動物の様子を正しく把握することは診察の基本。そのためにも飼い主からの情報は必要不可欠。飼い主の不安な気持ちをやわらげながら、時間をかけて質問することも、動物看護師の大切な仕事。

相手を思いやりながら誠実に向き合うことで、
よい信頼関係が築けるよ。

ZOOM IN!

動物の命を守るために必要な協力体制

動物看護師の「看る」「聞く」の役割は、獣医師と飼い主を結びつける役割にもなっている。そして、この獣医師、動物看護師、飼い主の三者の協力があってはじめて円滑に治療が行われ、動物の命が守れることを覚えておこう。

PART 2

02 働く病院をイメージしてみよう

夜間診療や専門病院など さまざまな役割の病院がある

動物病院といえば地域に根差した個人経営の病院というイメージでしたが、**最近では、MRIやCTを使って体のすみずみまで検査する高度医療や、24時間対応の救急医療を行う病院も増えてきています。**

さらに、普通の病院では難しい**ガンや糖尿病などの病気を専門に治療する二次医療機関**もあり、今までは諦めるしかなかったペットの病気を治すことができるほど、動物病院は進化しています。

また、病気やケガが原因で歩行が困難になった動物のリハビリ施設を備える病院も増えていて、今や動物病院は**治療だけでなく、飼い主や動物に寄り添うケア施設としても重要な役割を担っています。**

ただし、大きい病院であればあるほど、飼い主や動物に向き合う時間がなくなってしまうのも事実です。どのような病院で、どのような看護がしたいのか、自分が目指す働き方と理想について、しっかり考えてみましょう。

Q uestion

入院施設のある病院は必ず夜間勤務がある?

A nswer

入院施設があるからといって必ず夜間勤務がある、というわけではありません。とくに地域密着の個人病院の場合は、獣医師が2、3時間ごとに見回りをして入院管理を行っているところも多いです。

どんな動物病院で働きたいのかを考えよう

Aさん

希望

＊動物や飼い主との距離が近く感じられる現場で働きたい。

＊少数精鋭の環境の中でさまざまな仕事を覚えたい。

地域に根差した個人病院

＊あらゆる仕事を経験できるのでプロとしての成長が早い。

＊アットホームな雰囲気の病院が多い。

Bさん

希望

＊救急医療など、命を救う現場で医療看護を学びたい。

＊どんな病状の動物でも救いたい。

夜間・休日対応の病院や、24時間対応の救急病院

＊診療時間が24時間で、夜間勤務がある病院もある。

＊救急病院は手術も多く忙しいが、確かな看護技術が身に付く。

Cさん

希望

＊専門性を高めたい。

＊特定動物を看護するプロフェッショナルになりたい。

大学病院や二次医療施設、特定動物の専門病院など

＊循環器、消化器など、特定の分野に特化した医療を学びたいなら大学病院や二次医療施設へ。

＊ウサギや鳥など特定動物の看護を希望するなら各専門の病院へ。

ZOOM IN!

なぜ動物病院で働きたいのか考えてみよう

動物病院の看護師は命と向き会う仕事。ただ「動物が好き」だけでは難しい場面が多くある。進路を決めるときは「動物の命を救いたい」「病気の動物をサポートしたい」など、働く理由と価値観を考えることで、どこで、どのように働きたいかが見えてくるよ。

キャリアプラン(P.60)を参考に
10年後の姿も考えてみよう。

PART2

03 動物病院での仕事内容は？

任される仕事は病院によって変わる

動物看護師の仕事の範囲は幅広く、働く環境によってもさまざまです。**診療や手術の準備や補助はもちろん、診療が終わったら飼い主に薬や家庭でのケアについて説明**します。

病院によっては動物看護師が受付や会計、カルテのファイリングや管理など、病院の事務を兼任することもあります。事務作業では一般的なパソコンスキルも必要です。最近では予約システムや電子決済を導入している病院も多く、便利になった反面、覚えることが多くなっています。

また、**入院施設がある病院の場合は、入院中の動物に食事や散歩をさせたり、糞尿や体温などをチェックして、異変があれば獣医師に報告**することもあります。

掃除や洗濯も大切な仕事のひとつです。たくさんの動物が来院するので、待合室や治療室には動物のにおいが充満します。**お互いのにおいが気になって、動物が病院嫌いにならないよう、常に清潔な環境を心がける**必要があります。

POINT

エンゼルケアも動物看護師の仕事

動物看護師は、**亡くなったペットの死後の処置や保清（エンゼルケア）**も行います。最近は「キレイな体にしてお別れをしたい」という飼い主の要望も多く、通常の処置に加えて、シャンプーやトリミングを行う病院もあります。

動物病院での仕事と流れの例

動物が来院

問診内容を獣医師に報告

受付
予約管理と診察券の受け取り、手続きなど。

問診
飼い主に病状を具体的に質問する。

診察室
待合室から診察室へ、動物を安全に連れていく。

診察・治療・手術

愛玩動物看護師資格があれば、血液検査を行うこともできる。

保定
診療中、動物を動かないように保定。

準備
必要な器具と医療品の準備。

診療補助
検査と治療の補助。

処置
治療部位の毛を刈る、消毒など。

器械だし
手術などで必要器具を医師に渡す。

清掃
診察ごとに診察台や器具を消毒。

治療が終わったら

症状によっては散歩に連れていくことも。

引き渡し
診察室から飼い主のもとへ動物を連れていく。

説明・会計
飼い主に薬と家庭でのケアについて説明をして会計。

入院動物の世話
入院の場合は預かる。入院中は動物の様子を確認し、食事や排泄などの世話をする。

そのほかの仕事

*カルテの整理
*医薬品の管理と補充
*待合室や入院ケージの掃除やタオル類の洗濯　など

先輩

動物看護師の1日に密着！

動物病院で働く 吉田可奈さんのスケジュール

動物看護師がどんな1日を過ごしているのか、のぞいてみましょう。

入院している動物がいたり
24時間体制の病院では
夜間勤務があるケース
もあるよ。

吉田可奈さん
（26歳）
動物看護師4人が
働く動物病院に
5年勤務

立ちっぱなしの仕事なので、
入浴中のマッサージが日課。

午後の診療が
終わったら、
片付けと
掃除をして帰宅。

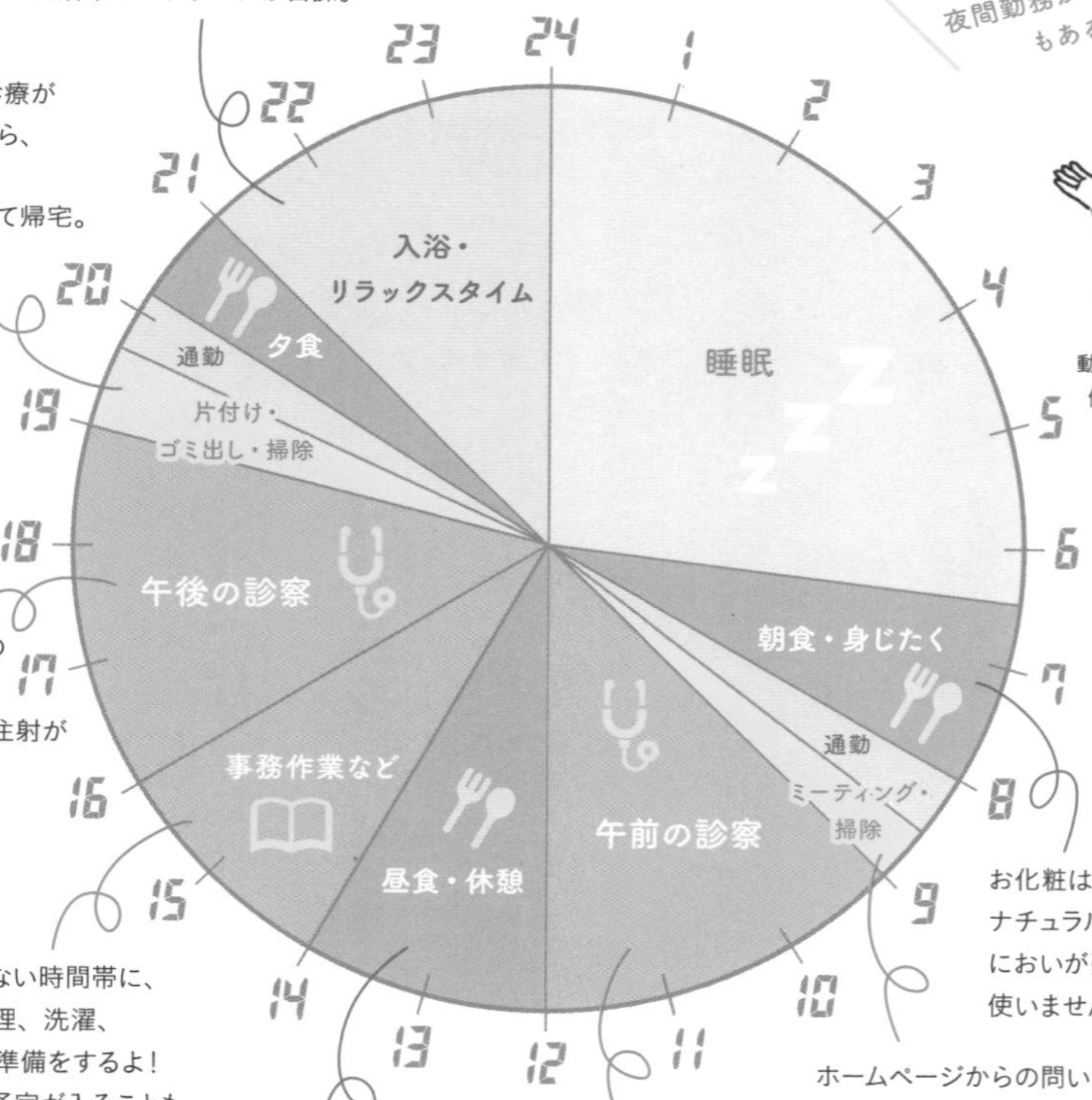

午後は21匹の
動物が来院。
この日は予防注射が
多かった！

お化粧は
ナチュラルメイク。
においが強いものは
使いません。

患者さんが少ない時間帯に、
備品購入や整理、洗濯、
午後の診察の準備をするよ！
大きな手術の予定が入ることも。

ホームページからの問い合わせや、
手術の予定をスタッフ全員で確認。

午前中は15匹の動物が来院。
動物の保定や点滴の準備で
大忙し。

午前中の診察が長引くこともしばしば。
ゆっくり休んでリフレッシュも大切！

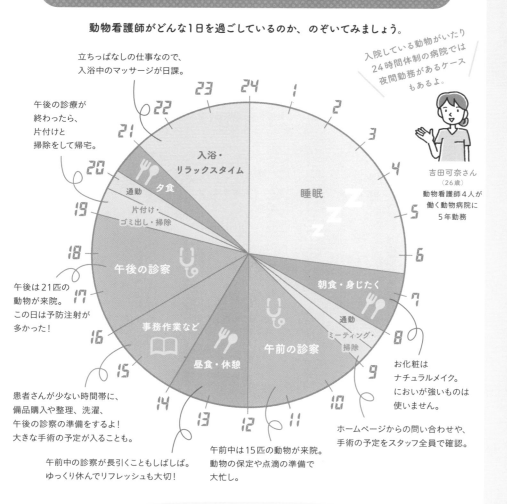

吉田さん
メモ

この日はこんな動物が来院！

カルテ1

爪切りにやってきた
ウサギのレイ（1歳）

耳のケアと爪切りのため、はじめて来院したレイちゃん。耳の手入れをしたあとに爪切り。ウサギの爪は黒くて血管が見えなので慎重にカットして終了。「いい子でしたよ」と伝えたら、飼い主さんがとてもうれしそうな顔に。また来てくれるかな！

カルテ2

高齢猫サーヤの
定期健診（14歳）

腎臓病の治療のために週に1度、点滴を受けにくる猫のサーヤちゃん。先生が健康状態を診たあと、10分間の点滴。今日もおとなしくしていられて、えらかったね。

カルテ3

誤飲で来院
トイ・プードルのクッキー
（1歳）

「ボタンを誤飲したかも」と来院。レントゲンでは映らなかったけど、念のため先生が嘔吐を促す薬を注射。お腹がグルグルして苦しそうなクッキーちゃんをなだめていたら、口からボタンがポロッ。ボタンが小さすぎてレントゲンに映らなかったみたい。ほんと、よかったね。

カルテ4

体調不良で来院
ラブラドール・レトリーバー
のヤマト（6歳）

ハアハアと息が荒く、食欲がないことを心配した飼い主さんがヤマトくんを連れて来院。体温を測ると39度の高熱があり、軽度の熱中症と診断される。涼しい酸素室で冷却処置を行い、ミネラル補充の点滴をしたあと、自宅で様子を見ることに。早めに連れてきてくれて本当によかった。早く元気になってね。

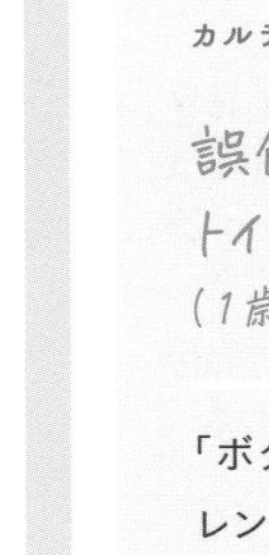

動物看護師の仕事をのぞいてみよう❶

保定の技術

保定とは治療中に動物が動かないように押さえる技術のこと。
保定がしっかりできていないと適切な処置ができないので、
動物看護師にとって保定技術の習得はとても重要です。
動物の種類、病状、性格、体格によって方法は変わるので、ここでは一例を紹介します。

犬の保定

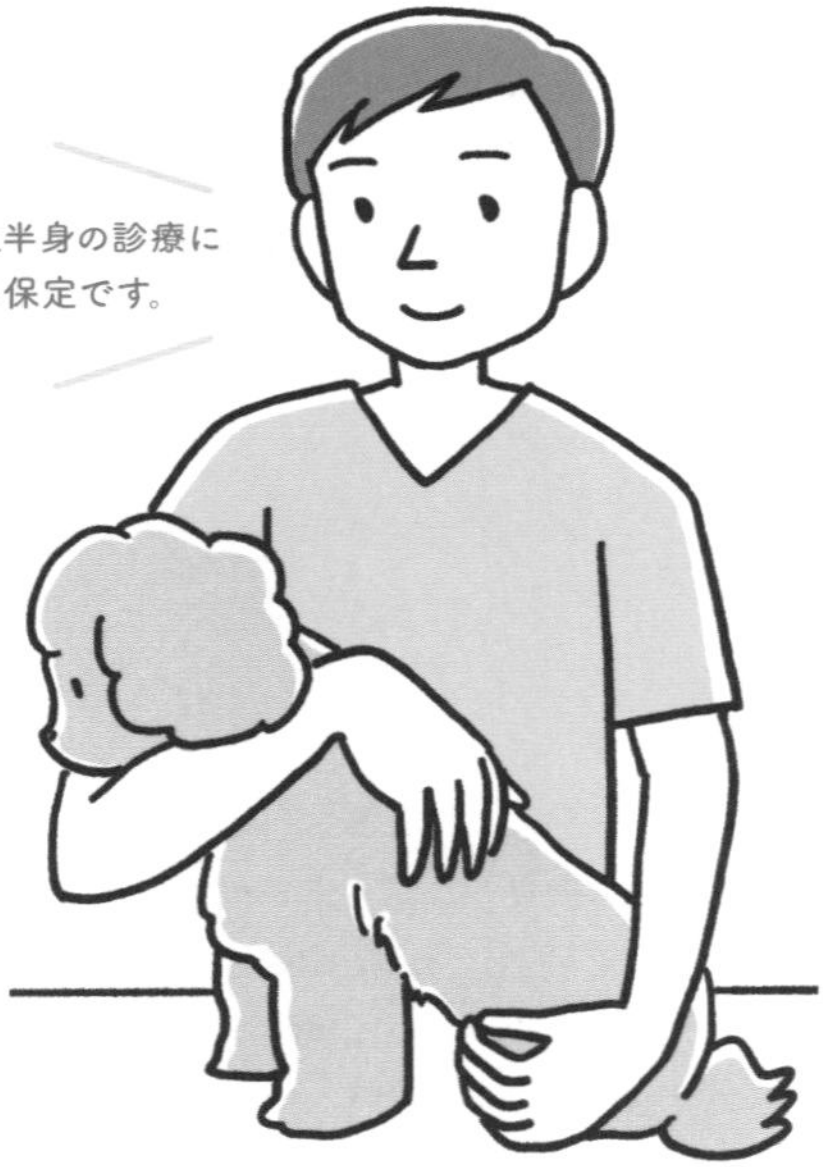

顔や上半身の診療に適した保定です。

- ☑ 動物を診察台に乗せたら、「がんばろうね、いい子だね」など、やさしく声をかける。
- ☑ 右腕は前から、左腕は腰に回して抱える。
- ☑ 犬のおしりのほうに少し体重をかける、もしくは腰をやさしく押して、ゆっくりとすわらせる。
- ☑ 犬が立ち上がらないように少しだけ上から体重をかける。

犬は比較的保定しやすい動物だけど、環境や恐怖、
痛みなどでパニックを起こし、噛みつかれることも。
無理に押さえると脱臼や骨折をする可能性もあるので、
やさしく声をかけたり、なでたりして、リラックスさせよう！

猫の保定

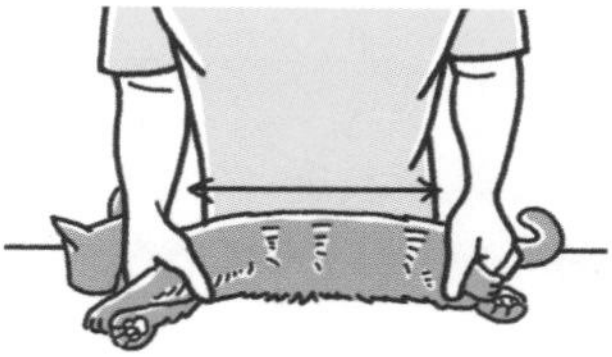

☑ 前足と後ろ足をそれぞれつかみ、猫の足と足の間に人差し指を入れて、すり抜けられないようにつかむ。

☑ 足をつかんだまま猫の背中を自分に密着させ、体を横にそっと倒す。

☑ 猫の首を手首で軽く押さえ（喉は圧迫しない）、両手を広げて猫の背中を伸ばす。

かなり怖がっているときには、
エリザベスカラーを巻いて
落ち着かせることもあります。

鳥の保定

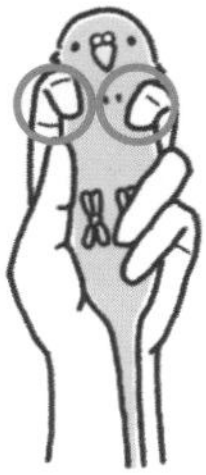

☑ 鳥が暴れないように、手のひらと親指、薬指、小指で体をやさしく包んだら、人差し指と中指で鳥の顔の側面をやさしくはさむ。

☑ 薬を飲ませるときは、頭が動かないように、親指と中指で顔の側面をやさしくはさみ、頭を人差し指で軽く押さえる。

ウサギの保定

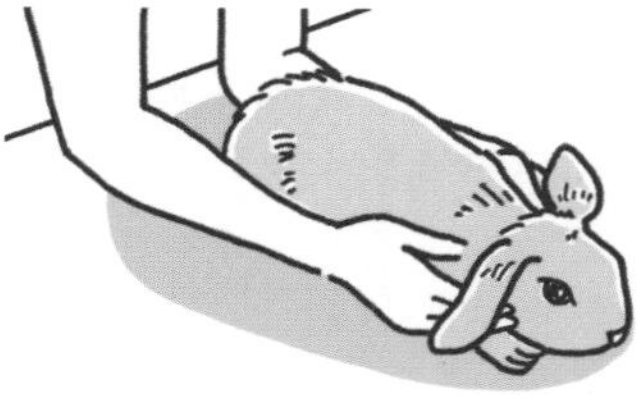

☑ 手のひらでウサギの目をかくして落ち着かせる。

☑ 両手で体を包み込んで保定。ひじを診察台にぴったりとつけて安定させる。

保定が上手に
できるようになれば、
動物の安心感は高まります！

手術のサポート

動物看護師は手術の術式に合わせて、ガーゼやハサミなどの器具を用意し、
手術中に手渡しますが、これを「器械だし」といいます。
スムーズな器械だしは手術の進行にも影響します。専門用語を聞き分け、
器具を瞬時に判断するテクニックは、日々の努力と経験で養われます。

用途に合わせて器具を揃える

外科剪刀《せんとう》

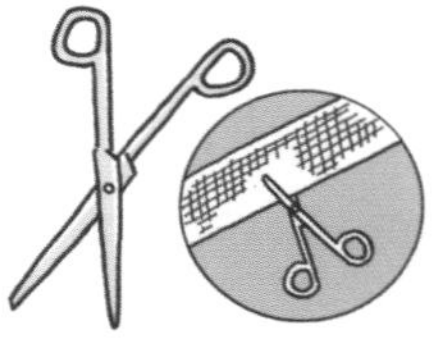

最もよく使われるハサミ。ガーゼやチューブ、体の組織を切断するときに使う。

メッツェンバウム剪刀《せんとう》

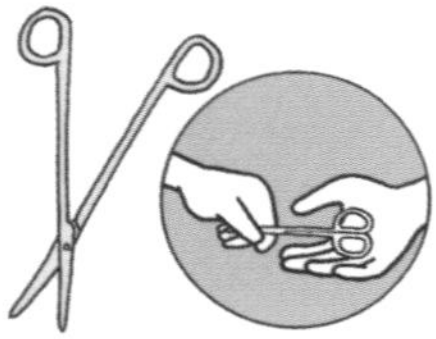

先端と歯が細いので、薄い組織を切ったり、皮下組織を剥がすときに使う。

ペアン鉗子《かんし》

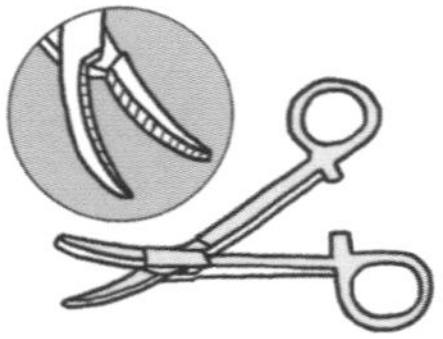

先端がギザギザしている物をつかむためのハサミ。血管遮断などで使う。

このほかメスや鑷子《せっし》、鉤《こう》類など種類はたくさんあります。
器具の配置は病院ごとのルールがあるので、それぞれの現場で確認しましょう。

ZOOM IN!

器具の名称は試験にも出題される!?

器械だしは、それぞれ器具の特徴と手術の術式を理解しなければ正しく準備ができません。愛玩動物看護師の試験にも「手術器具の名称・使用法」は出題範囲に含まれているので、しっかり覚えよう。

\ 動物看護師の仕事をのぞいてみよう❸ /

薬の投与・採血

薬の処方・調剤・投与は獣医師のみが行える行為です。
ただし、愛玩動物看護師の資格があれば、獣医師の指示のもとで
調剤の補助や薬の投与、採血などが行えます。動物病院で薬剤に関わる仕事は
とても多いので、知識と技術を正しく身に付ける必要があります。

愛玩動物看護師ができる薬剤の仕事

点耳《てんじ》剤の投与

耳の付け根の脇に薬をたらし、耳介《じかい》の軟骨をもんで耳全体に薬を行き渡らせる。

耳の構造を理解するとスムーズに入れられる。

点眼剤の投与

動物を怖がらせないように顔を固定し、指で上まぶたを引き上げて投与。

通常は1滴で十分。

薬剤を塗る

塗布する部位の被毛をかき分けたり、バリカンで毛を刈って塗布することもある。

動物が薬を舐めないようにエリザベスカラーを使うこともある。

経口

錠剤、カプセル、散剤（粉薬）、液剤などの薬剤を口から飲ませる。

薬をイヤがる場合は、ごはんに混ぜたり、投薬補助薬を使うこともある。

点滴や注射

筋肉注射、皮下注射、血管内に注射針を入れる点滴・静脈内注射などで薬剤を投与するケースもある。

動物の生命に危険が及ぶ投薬は、すべて獣医師の指導で行われる。

PART2

04 愛玩動物看護師になるための道のり

3つのルートで国家資格を目指す

2023年から「愛玩動物看護師」という国家資格が誕生しました。この資格を持つことで、これまで動物看護師ができなかった採血、投薬、マイクロチップの挿入、カテーテルによる採尿などの診療補助ができるようになります。**これから動物看護師を目指す人は、ぜひ国家資格の取得を目指しましょう。**

受験するには次のいずれかを満たす必要があります。

①大学で農林水産大臣及び環境大臣が指定する科目を修めて卒業する。

②都道府県知事が指定した「愛玩動物看護師」養成所（専門学校など）で、3年以上「愛玩動物看護師」として必要な知識や技能を修得する。

③外国の学校を卒業、または外国で「愛玩動物看護師」の免許を取得し、その知識や技能を農林水産大臣と環境大臣が認めた人。

進学先を決めるときは、**希望する学校が、愛玩動物看護師の受験資格が得られる学校かどうかを必ず確認するようにしましょう。**

Q uestion **大学や専門学校を卒業すると与えられる学位や称号は？**

A nswer 大学を卒業すると得られる学位は「学士」。2年以上の専門学校を卒業することで得られる称号は「専門士」。修業年数が4年以上の専門学校を卒業することで得られる称号は「高度専門士」です。

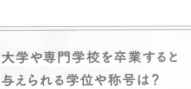

愛玩動物看護師を目指す一般的なルート

高等学校

↓

専門学校（3～4年）

「都道府県知事が指定する養成所」で、農林水産大臣・環境大臣が指定する科目の単位を取得。

大学（3～4年）

農林水産大臣・環境大臣が指定する科目の単位を取得。

留学

外国で愛玩動物看護師業務関連の学校を卒業、または外国の愛玩動物看護師免許を取得。

↓

受験資格を得る（専門学校・大学から）

帰国後、有資格者として働きたいときは、農林水産省で手続きを行い、認定をもらう。（留学から）

↓

愛玩動物看護師試験

↓ 合格

愛玩動物看護師

ZOOM IN!

海外で取得した動物看護師の資格は活かせない？

動物看護の分野における先進国は、アメリカ、イギリス、オーストラリアなど。しかし、たとえそれらの国で資格を得たとしても、日本で働くには、日本で認可されている国家資格を取得するのがルール（逆も同様）。海外の動物看護学校を卒業した人が日本の国家資格を得るには、農林水産省に履歴書などの書類を提出し、審査を受ける必要がある。

PART2

05 どんなことを勉強するの？

愛玩動物看護師として実践に結びつく授業がメイン

愛玩動物看護師を目指すための学校では主に、**①動物の体の仕組み、②動物の病気や検査、③動物の触り方や世話の仕方**などについて学びます。

①は、動物の骨格や体質など体に関する知識です。動物の種ごとに、歯の数、体温、内臓や筋肉の配置など、医療サポートをするうえで必須になる、解剖学や組織学を学びます。

②では、動物の病気の見つけ方や薬の知識、副作用や臨床現場での栄養管理の方法などを学びます。

③では、動物が安心する触り方と保定、爪の切り方などを実習を通して学びます。トリマーやドッグトレーナーなどほかのペット関連職と、動物看護師のカリキュラムの大きな違いは、②の病気や検査の授業。動物看護師は、動物医療の知識を正しく身に付ける必要があります。

そのほか、**病院スタッフや飼い主とのコミュニケーション術や、ペットが亡くなったときの飼い主へのメンタルサポート、動物愛護に関する法律**なども学びます。

POINT

授業に協力してくれる動物は学校によって違う

実習では**学校で飼育する動物を1人1匹割り当てられる**ところがあったり、**協力してもらえる動物を近隣の住民たちから募集する**ところもあります。また、**自分のペットと登校して実習ができる**という学校も！

愛玩動物看護師の授業をピックアップ！

動物の体の仕組みについて

患者（動物）として多い犬や猫を中心に、内臓の位置や筋肉、骨格などの体の仕組み、解剖学のほか、特徴的な行動や習性、繁殖にかかわる機能や妊娠、分娩、遺伝について学ぶ。

動物の病気や検査について

動物の病気やケガについて、医療の知識を学ぶ。病気や発症の原因のほか、感染症の予防や治療についても理解を深め、検査方法、診断、薬についての講義もある。

動物の触り方について

実習では動物の安全な触り方、保定、接し方などを学び、実際に触って動物に慣れていく。グルーミング（シャンプー、ブラッシング、耳のケア、爪切り、歯磨きなど）のほか、さまざまな診療の補助についての手順を学習する。

ZOOM IN!

学校特有の授業にも注目!

学校によっては、専用器具を使ってのリハビリ、動物理学療法の技術や高度医療の現場に対応できる知識の習得、動物園や水族館での実習からさまざまな動物の処置の体験など、特有の授業を取り入れている学校もある。学ぶ環境はそれぞれの学校で違うので、自分が学びたいことをよく考えて、魅力的な授業を取り入れている学校を探そう。

大学や専門学校のなかには、短期留学や、
海外の提携大学に編入して
動物看護が学べるところもあります。

PART 2

06 専門学校でどんなことを学ぶ？

即戦力になるスキルを磨くカリキュラム

動物看護を学べる専門学校は３年制が多いですが、最近は高度医療など、より深い技術や知識の習得にも対応した４年制の学校も増えています。いずれの場合も、**卒業後、即戦力として働くためのカリキュラムが組まれている学校が多いので、高いスキルを身に付けたい人におすすめ。**また、国家資格取得へ向けたサポートなど、学びの意欲に応じた環境が整っているのが特徴です。

現場で働くプロの講師から高い知識や技術が学べるのも専門学校の特徴のひとつ。企業との繋がりが強く、インターンシップや研修制度などの現場体験が充実していて、働く姿がイメージしやすい学校もあります。

また、カピバラ、ヘビやカメ、鳥など、犬や猫以外の動物を飼育している学校も多く、飼育・管理を通して、さまざまな動物の扱い方や正しい飼育方法を学ぶことができます。動物を飼った経験がない人でも、飼い主の気持ちを考えられるようになるでしょう。

POINT

高校３年からの始動では遅すぎる？

専門学校の多くは、毎月のようにオープンキャンパスが行われています。とくに国家資格になった愛玩動物看護師の注目度は高く倍率も高騰中のため、**高校２年の夏にはオープンキャンパスに参加すること**をおすすめします。

専門学校の1週間の授業スケジュール例

※授業内容は学校によって異なります。

1年生

	月	火	水	木	金
9:00〜10:30	希望の授業に参加	動物形態機能学	グルーミング・トレーニング実習	人と動物の関係学	
10:40〜12:10				パソコン実習	動物医療コミュニケーション
昼食					
13:10〜14:40	動物行動学	動物臨床検査学	動物感染症学	適正飼育指導論	動物内科看護学
14:50〜16:20	愛玩動物学	動物臨床検査学実習		英会話	動物内科看護学実習

専攻以外の興味ある授業を受講。

2人1組で犬や猫のシャンプーや爪切り、耳のケアの仕方などについて学ぶ。

動物と人の関わり、癒しの効果、ペットにとって安全な生活環境などを学ぶ。

医療器具の扱い方や治療の手順を学ぶ。動物の検査の実習もある。

動物の体の仕組みや骨格、器官の名前などを標本や実際に動物を触って覚える。顕微鏡で細胞組織を観察する授業もある。

2年次は、病理、薬理、公衆衛生などの授業や実習が増えて、さらに専門的に。

3年生

	月	火	水	木	金
9:00〜10:30	希望の授業に参加		トレーニング実習		動物愛護関連法規
10:40〜12:10		アニマルホスピタリティ		動物外科疾患	比較動物学
昼食					
13:10〜14:40		リハビリテーション	動物高度医学概論	動物術後ケア	卒業研究
14:50〜16:20		エキゾチックアニマル	ペット関連産業概論	ナチュラルケア	

提携している動物病院や医療センターで、歯石除去、避妊・去勢手術の実習を行うこともある。

動物理学療法を取り入れている動物病院や施設での実習で、知識と技術を身に付ける。

ウサギやハムスター、フェレットなど、犬猫以外の小動物の飼育管理を学ぶ。

学年が上がるほど授業はより実践的に。授業のない時間を利用して、動物病院で実習している人も多い。

PART2

07 大学でどんなことを学ぶ？

動物に関する幅広い知識が得られる

獣医学部のある大学では、獣医学部の学生と同じ授業を履修したり、一緒にグループワークを行うことで、チーム獣医診療の体験と意識を高めることができます。しかし、愛玩動物看護師の受験資格を得られる大学はそれほど多くありません。

入試では、理科や数学などの理系科目が必須になる場合もあるので、**大学進学を検討するのであれば、理系科目にも力を入れて勉強しておきましょう**。

大学の授業は座学が中心で、動物の病気やケガに対するケアや、医療技術、さらには薬学、栄養学、リハビリなど専門性の高い内容を学びながら、英語やフランス語などの語学授業を選択することもできます。専門知識と一般教養、どちらも学びたいという人は、大学を検討してもよいでしょう。

また、獣医医療にとどまらず、動物の行動特性や社会性、人間との共生や相互作用などについて、幅広く学ぶことができるのも特徴です。

POINT

大学ではサークル活動も盛ん

大学にはサークルやゼミが数多くあり、**積極的に参加することで、知識と人間関係の幅が広がります。**また、動物の栄養学や感染症研究など、興味のある事柄を深く学ぶことができるのも魅力のひとつです。

大学の1週間の授業スケジュール例

※授業内容は学校によって異なります。

1年生

	月	火	水	木	金
9:00〜10:30	基礎生物学	愛玩動物学	野生動物学	体験実習	
10:40〜12:10	動物病理学	英語	心理学		公衆衛生学
昼食					
13:10〜14:40	生命倫理論		スポーツ		動物機能学実習
14:50〜16:20					

ペットの種類や動物の安全な飼い方、育て方を学習する。

他学部と合同授業の単位を取ることも可能。飼い主の感情の変化と行動について考えるために心理学を学んだり、スポーツで体力をつけたりと、選択の自由度は高い。

英語やフランス語など、語学の授業が必修になっている大学もある。

4年生

	月	火	水	木	金
9:00〜10:30	動物臨床看護実習		卒論ゼミ		
10:40〜12:10	動物災害・危機管理				
昼食					
13:10〜14:40	フランス文学	英語応用			
14:50〜16:20		特殊検査			

病院の器具を使って、犬や猫の検査や保定の方法を学ぶ。獣医学部がある学校では、獣医学部生と合同で治療や手術の授業を受けることも。

動物看護やペットなどについて、調べたいテーマについて掘り下げ、結果を論文にまとめる。

4年制になると授業は少なくなり、空き時間は就職活動、卒業論文、アルバイトで忙しくなる人が多い。

PART2

08 専門学校と大学、どちらを選ぶ？

分野を特化するなら専門学校、幅広く知識を広げるなら大学へ

愛玩動物看護師を目指す人が最初に悩むのが、大学か専門学校かの進路の選択です。**それぞれの学校の特徴についてはすでに前ページで紹介していますが、次のページの比較表も参考にしてみてください。**

たとえば、「絶対、愛玩動物看護師になりたい」「動物看護師として早く働きたい！」という人は、実習が多く、通学年数が短い専門学校がおすすめです。ただし、専門学校は大学よりもその職業に特化した教育を行うため、卒業時に別の職種へ就職することが難しい場合があります。「動物看護師にはなりたいけれど、ほかの職業にも興味がある」という人は、幅広い知識を学べる大学のほうがよいかもしれません。動物看護師としての道だけでなく、ペット業界のほか、一般企業への就職など、選択肢が広がります。

将来の自分の姿をイメージしながら、気になる学校の資料を取り寄せたり、オープンキャンパスにどんどん参加してみましょう。

POINT

迷ったら、まわりの意見も聞いてみよう！

将来に関わる進路は自分で選択すべきものですが、**迷って答えが出ないときは、友達、先生、先輩など、身近な人に相談してみましょう。** さまざまな意見と経験談は必ず参考になるはずです。

大学と専門学校の比較表

専門学校

通う年数

3年、または4年

学費

1年間：約80～120万円
3年間：約250～500万円

メリット

- ☑ 現場を意識した体験型授業が多い。
- ☑ 愛玩動物看護師資格取得に向けたカリキュラム。
- ☑ 現場で働くプロの講師が多い。
- ☑ 就職サポートが充実している。

デメリット

- ☑ 動物業界以外への就職が難しい。
- ☑ 大学に比べて自由時間が少ない。

大学

通う年数

4年

学費

1年間：約150万円
4年間：約600万円

メリット

- ☑ 学芸員や教員免許など、愛玩動物看護師以外の資格が取得できる学校もある。
- ☑ 履修スケジュールを自分で組める
- ☑ 一般企業への就職先が広がる。

デメリット

- ☑ 専門学校よりも実践授業が少ない。
- ☑ 学校数が少ない。

※金額はあくまでも目安です。

ZOOM IN!

一人暮らしをした場合のことも考えてみよう

1カ月にかかるお金は約14万円

【家賃】	6万円
【水道光熱費】	1万円
【食費】	3万円
【通信費】	5千円
【生活消耗品】	5千円
【参考書など】	5千円
【交通費】	5千円
【娯楽・交際費】	2万円

1年間で
×12カ月
＝168万円

どんな道に進むとしても
お金はかかる！
進路が決まったら
保護者に相談しよう！

PART2

09 動物病院以外の活躍の場は？

多くの施設が動物看護師の知識と技術を求めている

動物看護師が求められている場所は病院だけではありません。たとえば、ペットと泊まれるホテルに専門知識のある動物看護師が常駐していれば、連れてきたペットが体調をくずしても適切に対応ができるので、飼い主は安心できます。

最近は、犬の幼稚園や子犬のしつけ教室、高齢ペットのリハビリ施設、ペットと入れる老人ホームなど、**ペットを預かる施設も多くなっており、ますます動物看護師の需要は高まっています**。

また、さまざまな動物の保護活動をしている愛護センターには、看病が必要な事情のある動物がたくさんいます。こうした場所で、管理や世話をしながら心身のケアを行う仕事もあります。

このように、どんどん活躍の場を広げている動物看護師ですが、これまでは全体の95%が女性でした。しかし、これら需要の高まりに合わせて、**最近では男性動物看護師の数も徐々に増えはじめています**。

Q uestion

動物看護師は褒め上手ってホント!?

A nswer

「えらかったね」「おりこうさんだね」──。動物看護師は診察や注射、爪切りのあとなど、がんばった動物たちを褒めることも仕事のひとつ。そのおかげもあって、人に対しても褒め上手になる動物看護師が多いのだそう。

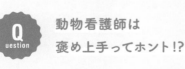

動物看護師はこんなところでも求められている

保護犬・保護猫のNPO法人

保健所や愛護センターから犬や猫を引き取り、シェルターなどで世話をして飼育希望者に引き渡す仕事。ボランティアでの活動も含め、動物看護師の活躍が期待されている。

動物の臨床検査センター

病院と併設された検査センターで、患者（動物）から採取した血液や尿を分析したり、他機関より委託された血液検体を検査・分析して詳細な数値データや報告書を作成する仕事。

専門学校・大学

動物看護師としてキャリアを積んだら、後進の育成のために専門学校や大学で、学生に動物看護の仕事を教えることもできる。フルタイム勤務だけでなく、非常勤講師という働き方も。

アニマルセラピーの施設

「動物と触れ合うことで心を落ち着かせ、ストレスを減らす」アニマルセラピー。セラピー動物の世話や健康管理をしたり、動物と人が正しく安全に触れ合えるようにサポートを行う。

ZOOM IN!

動物看護師は開業できるの？

国家資格の愛玩動物看護師ですが、獣医師の指導がなければ医療業務が行えないため、愛玩動物看護師1人で動物病院を開業することはできない。ただし、ペットサロンやペットホテル、ドッグカフェなどの経営者になることは可能。また、飼い主やペットが高齢の場合、ペットシッターとして訪問すると喜ばれる。

ペットサロンやペットホテルの開業には「動物取扱責任者」か「愛玩動物看護師」どちらかの資格が必要です！

キャリアプランを考えよう

**あこがれの動物看護師として就職できても、それはスタートラインにすぎません。
そこから10年後、20年後、自分がどんな場所で、
どんな働き方をしたいかを、じっくり考えてみましょう。**

同じ場所で働き続けたい！

地域の動物病院に就職

10年後

リーダーとして看護師チームをまとめる存在に！

獣医師からの信頼も厚く、病院内のことを任され、通院する飼い主からは頼られる存在に。

キャリアを磨き訪問介護の道へ

専門動物病院などに就職

10年後

動物の訪問介護・訪問看護事業にチャレンジ！

救急外来などでスキルを磨き、需要が高まっている動物介護の事業に関わる。

人脈を増やし独立・開業

ペットホテルも併設している動物病院に就職

10年後

ドッグカフェ併設のトリミングサロンを開業！

ペットショップやトリミングサロンなどの勤務を経験しながら、人脈を増やしてサロンを開業。

キャリアプランは2～3年ごとに見直そう。
やるべきことが明確になってモチベーションがアップ！

PART 3

動物看護師についてもっと知りたい！

動物看護師になるために覚えておきたいこと

やっぱり
動物看護師に
なりたい！
ん──
××
動物専門学校
○○
動物看護
進路希望調査票
ニャー
ニャー
うん
決めた!!
パパ！
ママ！
どうしたの？

話があるの
私
専門学校に行って動物の看護師になりたいです!!
動物看護師っていろいろな仕事があって獣医師がよりよい診察を行えるようにサポートしたり
飼い主さんが自宅でケアをうまくできるようにフォローしたり…
いいよ
がんばりなさい
やった～!!
ニャ!?

PART 3

01

ペットを取り巻く問題って？

深刻化する問題と向き合い、できることを考える

動物看護師を目指すには、ペットを取り巻く社会問題も把握しておく必要があります。

劣悪な環境での飼育のほか、飼い主の都合による無責任な飼育放棄や遺棄。飼い主が高齢化することで世話を続けることが難しくなったり、ペットが**高齢化することで起こる介護問題**、さらに**殺処分対象の動物の引き取り**や、譲渡活動をしている**保護団体などの資金や人材不足**など、ペット業界は多くの問題を抱えています。

2019年に動物愛護管理法が改正され、ペットの虐待や遺棄に対する罰則の強化で一部改善は見られましたが、犬や猫の保護活動は、まだまだボランティアに支えられているのが現状です。もっと相談できる窓口や地域のサポート体制が整っていれば、解決できることは増えるかもしれません。

このような問題に対し、**動物看護師としてどのように関わっていくのかを考えることが大切**です。

POINT

動物愛護管理法とは？

動物の虐待や飼育放棄、捨てる（遺棄する）ことは犯罪で、違反すれば1年以下の懲役、または500万円以下の罰金に処せられるという法律。「動物の命を尊び、友愛と平和の精神をもって人と動物が共存する社会の実現を目指す」ことを掲げています。

動物看護師だからできる活動もある

小さな命のためにできること

被災地でのペット救援や保護犬・保護猫シェルターの譲渡会支援活動など、動物看護師の立場からペット問題を真剣に受け止め、向き合っている人は多い。飼育ケアや一時預かり、譲渡会前のグルーミングや健康チェック、譲渡先の飼育相談などで、動物看護師の技術と経験を活かすことができる。

動物看護師としてのスキルを活かした活動例

被災地ペットの救援

- ☑ グルーミングなどのケア
- ☑ 健康管理・健康相談
- ☑ 一時預かり　など

保護団体での譲渡会のサポート

- ☑ 健康管理や飼育の世話
- ☑ グルーミングなどのケア
- ☑ 飼い主の相談やケア　など

ZOOM IN!

意外に知らない譲渡会などで里親になれないケース

- ペットの終身飼育と安全な飼育環境は譲渡において最も大切な条件。そのため長時間、留守がちの単身者や、高齢者（65歳以上）は断られることもある。
- ワクチン接種や定期健診、ペット保険への加入など、ペット飼育では金銭的な負担が大きくなるため、収入が不安定な場合は断られることもある。
- トライアル実施の結果で動物との相性がよくないと判断されたときは、断られることもある。

PART 3

02 愛玩動物看護師が扱える動物は？

動物看護師が扱うのは犬や猫だけではない！

一般的に使われる「愛玩動物」とは、「かわいがったり、愛しい対象となる動物」を意味しており、主に家庭で飼育するペット全般を指します。しかし、国家資格になった「愛玩動物看護師」の名称に付けられている「愛玩動物」は、この一般的な意味とは少し異なり、特定の動物を指しています。

愛玩動物看護師が注射、採血、投薬などの診療補助を行える動物は「愛玩動物看護師法」により、犬、猫、鳥類（指定された種のみ）に限られていて、そのほかの動物へ診療補助を行うことはできません。

しかし、動物病院には犬、猫、鳥類以外にも、ウサギやハムスター、トカゲ、カメ、ハリネズミなどの「エキゾチックアニマル」と呼ばれる動物も来院します。エキゾチックアニマルについては、愛玩動物看護師でも診療補助は行えず、入院の世話や保定などの看護業務と適正飼育支援しかできませんので、覚えておくとよいでしょう。

Question　学校ではエキゾチックアニマルの授業はあるの？

Answer　エキゾチックアニマルの体の構造や機能を理解するための授業を行っている学校は多いです。また、校内でウサギやトカゲ、カメなどを飼育し、管理と看護について学べる学校もあます。

動物病院に来院する動物

犬・猫は全体の約半数

エキゾチックアニマルとは
犬、猫、鳥以外の動物の総称。

【動物病院で診療可能な
エキゾチックアニマル】

＊ウサギ
＊ハムスター
＊フェレット
＊モルモット
＊フクロモモンガ
＊チンチラ
＊デグー
＊カメ
＊ハリネズミ
＊トカゲ
＊カメレオン など

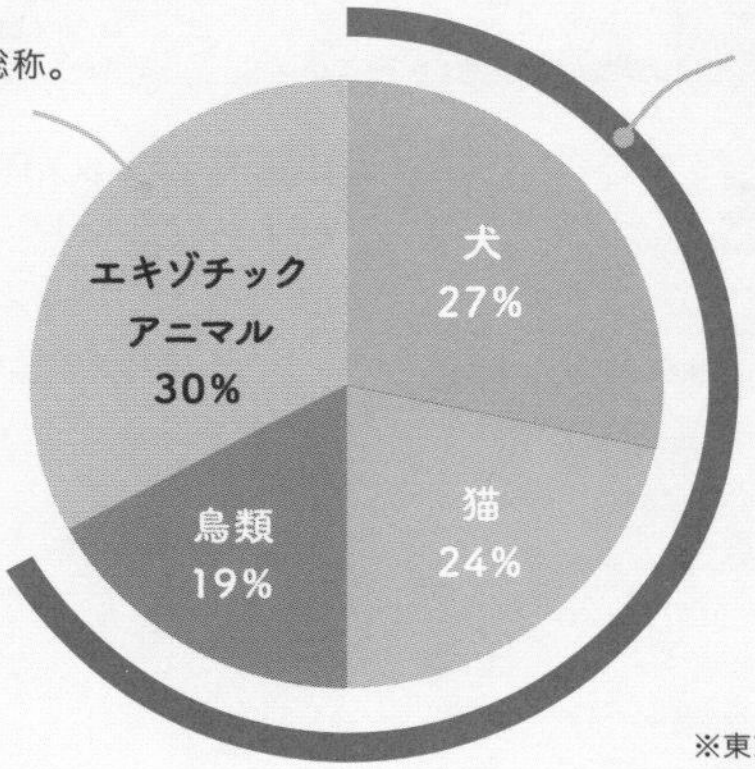

愛玩動物看護師が獣医師の指導のもと、診療補助ができる動物は犬・猫・鳥類のみで、全体の約7割を占める。

【診療補助の内容】

＊輸液剤の注射・採血
＊投薬
＊マイクロチップの挿入
＊カテーテルによる採尿

※東京都都内の動物病院の一例

エキゾチックアニマルを
受け入れていない病院もあるよ。

ZOOM IN!

日本でペット飼育できないエキゾチックアニマル

日本では、人に危害を加える危険な動物や絶滅のおそれがある動物を、個人で飼育してはいけないという法律があり、その動物の数は約650種もあります。当然、これらの動物は動物病院で診療を行うことはできません。

特定動物に指定されている動物

＊サル
＊ゴリラ
＊クマ
＊トラ
＊タカ
＊ワニ
＊マムシ
＊カミツキガメ
＊レッサーパンダ
＊アライグマ　など

＊このほか、ゾウ、キリン、サイ、カバなどの大型動物も飼育することはできない。

\ ペットのことをもっと知りたい！ /

ペット なんでもランキング

飼ってみたいペットのベスト7

編集部調べ

1位 猫
人気はスコティッシュ・フォールドやMIX。

2位 犬
トイ・プードルがダントツの人気。

折れ耳、垂れ耳の動物は、耳に湿気が溜まりやすく、耳のケアで来院するケースも多い。

3位 熱帯魚
グッピーやベタが人気。

鑑賞魚など魚類も動物病院で診察可能。対応できない病院もある。

4位 ハムスター

鳴き声が気にならず、飼育のしやすさから根強い人気がある。

4位 インコ、文鳥

インコや文鳥は、人になつきやすく飼いやすい鳥としてとくに人気。

6位 ウサギ

小柄で耳が短いネザーランド・ドワーフや垂れ耳のホーランド・ロップが人気。

6位 トカゲやカメなどの爬虫類

体が丈夫で飼いやすいヒョウモントカゲモドキの人気がダントツ！

\ ひとりぼっちが苦手!? /

留守番中によく吠える犬種は？

1位 ポメラニアン

2位 ヨークシャー・テリア

3位 ウェルシュ・コーギー

出典：Furbo調べ（2018年）
『「ワンワン通知」が最も多い犬種』より

\ 1位は食材!? /

犬&猫の名前ベスト3

	\ 犬 /	\ 猫 /
1位	むぎ	きなこ
2位	ココ	むぎ
3位	モカ	レオ

出典：アイペット損害保険調べ（2023年）
『ペットの名前ランキング』より

エキゾチックアニマルの ペット飼育 ご長寿ランキング 編集部調べ

1位 カメ

平均寿命：20年～30年

食欲や元気がない、歩行困難、甲羅のゆがみなどの症状で来院するケースが多い。

2位 イエアメガエル

平均寿命：15年～20年

環境や水質悪化で細菌感染による皮膚の炎症を引き起こすこともある。

3位 チンチラ

平均寿命：10年～13年

暑さに弱く熱中症になりやすい。複数匹飼うときは、けんか防止に1匹1ケージを用意。

4位 ヒョウモントカゲモドキ

平均寿命：10年～15年

比較的体は丈夫だが、脱皮不全、目の異常、便秘、体の腫れは病気のサインかも。

5位 フクロモモンガ

平均寿命：8年～11年

偏食気味なので、バランスのよい食事を与えることが健康の秘訣。

6位 ウサギ

平均寿命：5年～11年

病気を隠すといわれるウサギ。食欲不振、便の異常など普段と違う症状が見られたら要注意。

7位 シマリス

平均寿命：6年～10年

臆病で単独行動を好むので、ケージでの多頭飼いや、無理やりのスキンシップはNG。

8位 セキセイインコ

平均寿命：5年～10年

口移しで食べ物を与えると、人間がオウム病に感染する恐れがあるので控えること。

9位 フェレット

平均寿命：6年～8年

神経質で体温調節が苦手なので、ストレスをなくし、室温に気をつけるのが長生きの秘訣。

10位 ハリネズミ

平均寿命：2年～5年

皮膚が薄いので、ダニや寄生虫による皮膚疾患と呼吸器疾患に注意。

ちなみに、犬の平均寿命は14.65歳、猫は15.66歳。
ペットと飼い主が、1日でも長く一緒に暮らせるよう
手助けするのが動物看護師の仕事だよ。

03 資格がなくても働ける？

無資格、未経験の採用は今後、厳しい状況に！

動物看護師が国家資格になり、今後、「愛玩動物看護師」資格を持つ人はどんどん増えていくので、**無資格・未経験の採用数は大幅に減少することが予想されます。**たとえ募集があったとしても、資格がなければ希望する職場で働くチャンスはあまり期待できないでしょう。

また、動物看護師で採用されたとしても、動物の保定や世話の手順、器具の名称など、専門的知識と技術がなければ、現場ですぐに働くことは難しいですし、結局、あまり仕事を任せてもらえず、収入などの待遇面でも有資格者と差がでてしまうかもしれません。

これから動物病院で動物看護師として働くことを目指すのであれば、まずは受験資格を得られる大学や専門学校に通い、国家資格を取得するのがよいでしょう。**また、動物病院で働きながら動物看護師になりたいという人は、日中は動物病院で働き、夜は受験資格が得られる夜間の学校に通う**選択肢もあります。

POINT

「動物看護師」はどうなる？

「愛玩動物看護師」と名乗れるのは資格取得者のみ。長年、動物看護師として働いていた人でも、資格を取得しなければ愛玩動物看護師は名乗れません。従来の動物看護師については、動物ケアスタッフ、動物診療助手など、呼び名はまだ統一されていません。

愛玩動物看護師の資格がなくてもできること

- ☑ 動物病院などでの受付・会計
- ☑ 院内の清掃や衛生管理
- ☑ 院内の備品の在庫管理
- ☑ 動物の日常の手入れ
- ☑ 入院動物の世話
- ☑ 簡単な診察の手伝い
- ☑ 高齢になり動物の世話ができない飼い主への飼育支援
- ☑ 災害発生時など、被災動物への支援　など

国家資格なし

国家資格あり

愛玩動物看護師と名乗れない

愛玩動物看護師と名乗れる

ZOOM IN!

資格がなくてもOK。動物病院の募集例

動物病院で働いた経験を別の仕事で活かしたいという人や、働きながら愛玩動物看護師資格の取得を目指すため学校で学ぶという人は、「資格・経験不問」で募集している動物病院を探してみよう。仕事の内容は、受付や掃除、入院動物の世話が中心。ただし、待遇は正社員ではなく、アルバイト採用が多い。

動物病院のスタッフ募集！

- ＊時給1,000円～1,400円
- ＊資格・経験不問
- ＊土日出勤が可能な人歓迎
- ＊1日4時間以上
- ＊明るく元気でやる気がある人
- ＊掃除や整理整頓が好きな人

［無資格OK］などの言葉で募集していることもある

PART 3

04 コミュニケーションスキルは必要？

飼い主に寄り添った会話を心がける

動物は話すことができません。だからこそ、一番近くで見ている飼い主の話が重要になります。しかし、大切なペットが病気やケガで苦しんでいると気が動転してしまい、ペットの様子を正確に伝えられなくなってしまうこともあります。受付や問診時、または電話で病状を聞くときは、**「どうしましたか？」**だけでなく、**「いつから痛がっていたのか」「いつから食事ができなくなったのか」「どんな状況で傷ができたのか？」など、具体的な質問をする**ようにしましょう。

また、必要なことを聞きだすための形式どおりの対応では、飼い主は安心してペットを預けることができません。話しやすい雰囲気を作り、通院を続けてもらえるような対応も大切です。

動物看護師にとって看護技術は必要不可欠ですが、飼い主と良好な関係を築けるスキルが身に付いていると、さらに必要とされる人材になれるでしょう。

POINT

飼い主とのコミュニケーションで意識したいこと

❶ 挨拶、身だしなみ、言葉づかいなどのマナー。
❷ 話をよく聞き、理解し、共感する力。
❸ 情報をわかりやすく伝える伝達力。
❹ 相手を思いやる心。

動物看護師として気をつけたい身だしなみ

頭髪は清潔第一。
整髪料は控えめに。

長い髪は束ねて顔にかからないようにする。香りの強いシャンプーや香水は使わない。

ケーシー、スクラブなどの白衣や、動きやすい服装がよい。制服支給の病院が多い。

爪は常に丸く短く切る。長い爪は動物にケガをさせたり感染症を引き起こす原因になるので注意。

アクセサリー類は、動物のケガの原因になるので身に付けない。

長時間の立ち仕事になることが多いので、疲れにくい靴を履くとよい。

ZOOM IN!

電話での対応も明るく丁寧に！

動物病院には、予約や病状相談の電話もかかってくる。電話の相手にはこちらの様子が見えないので、どんなに忙しくても、明るく落ち着いたトーンでの対応が求められる。さらに、電話のあとは内容と連絡先（電話番号）を正確にメモして、獣医師やほかの看護師と共有できるように整理しておこう。

先輩動物看護師がアドバイス！

ペットの 病院嫌いの理由と克服テクニック

動物たちには、できるだけストレスなく通院してもらいたいもの。
そこで、動物看護師として活躍している先輩に、
動物が病院嫌いになる理由とその対処法を教えてもらいました。

理由1　ほかの動物のにおいが気になる

動物は、ほかの動物のにおいに拒否反応を示すことがある。

先輩の実践アドバイス

- ☑ いつでも院内を掃除しています。
- ☑ 犬と猫のブースを分けています。
- ☑ ほかの動物の鳴き声やにおいに敏感な子には、病院の外で待ってもらうこともあります。

理由2　病院にイヤな思い出がある

注射や手術などで「痛いことをされた」という記憶が残っていると、病院を怖がりやすい。

先輩の実践アドバイス

- ☑ 注射や治療時は、「痛いよ」「怖いよ」などのネガティブな言葉は使わず、「大丈夫」「すぐ終わるよ」とやさしく声をかけ、すべて終わったら「すごいね」「いい子だね」とたくさん褒めています。

理由3　入院が怖い、飼い主と離れるのが不安

入院経験のある動物に多いのが、「このまま置いていかれるかも」という不安。さらに、飼い主と離れている寂しさもプラスされ、病院嫌いになることが多い。

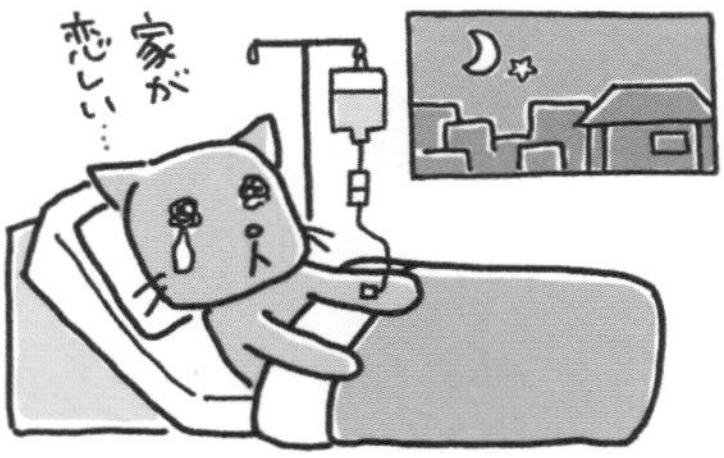

先輩の実践アドバイス

- ☑ 獣医師に相談して、診察中も飼い主さんに同席してもらうケースもあります。
- ☑ 獣医師の許可がおりた子には、お気に入りのタオルなど、安心できるものを持ってきてもらいます。

理由4　はじめての場所が苦手、とにかく怖い

怖い、痛い、帰りたいなど、さまざまな理由から、吠える、唸る、おびえる、暴れるといった感情をだす動物もいる。病院がはじめての成犬・成猫に多い。

先輩の実践アドバイス

- ☑ 視界が狭くなるので、エリザベスカラーを巻くと落ち着くことが多いです。
- ☑ 猫や小型犬なら、体全体をバスタオルでやさしく包むと落ち着きやすくなります。

ZOOM IN!

飼い主さんの協力で、ペットの病院嫌いを克服！

猫

普段からキャリーケースを使って慣れてもらうことで、診察中もおとなしくしてくれるようになりました。

犬

ご近所にお住まいなので、病院を散歩コースにしてもらったら、犬がうれしそうに入ってくるようになりました。

犬

病院に行った日は飼い主さんにたくさん褒めてもらったおかげで、3回目からは、おとなしくなりました。

臨機応変さが必要な現場で動物の健康のために奮闘中！

現役動物看護師

佐《さ》藤《とう》涼《すず》香《か》さん

東京都出身。TCA東京ECO動物海洋専門学校動物看護師専攻卒業。卒業後は動物病院に勤務。

―佐藤さんが動物看護師を志したきっかけは？

もともと動物が好きで、動物たちの命を救う仕事がしたいと考えるようになったのが始まりでした。

現在の勤め先に決めたのは、学校の研修に参加したときに、スタッフ一人ひとりがいきいきと仕事をしている姿がキラキラ輝いて見えて、「自分もこんな病院で活躍したい」と思ったからです。

また、職場の福利厚生がしっかりしている面や、働きながらも動物看護についてさらなる知識を学べる環境が整っているところも魅力に感じました。

―動物病院では具体的にどんな仕事をしていますか？

はじめに患者さんをお迎えするために、外来の準備をします。患者さんがいらしたら、問診と処置の補助、薬の調剤など、多岐にわたる業務を行います。その合間に獣医師がスムーズに処置を行えるよう、備品のチェックや整理整頓を行ったり、病院の清潔さを保つために掃除をすることも重要な仕事です。

そのほか入院が必要な動物たちのお世話なども担当しています。やることは常にたくさんあるので、チームで協力しながら行っています。

―動物看護師の仕事のやりがいを教えてください。

来院したときは元気がなくてなにも食べられなかった動物が、少しでもごはんを口にしてくれるようになったり、歩けなかった動物が歩けるようになったり……。回復して飼い主さんのところに戻っていく姿を見ると、とてもうれしく、やりがいを感じます。

そんな姿を見送ったあとは必ず、

「もっと先回りしてケアをしたり、こまやかなサポートができる動物看護師になりたい」とやる気がみなぎってきて、モチベーションが上がります。

――仕事で大変なことなど、苦労があれば教えてください。

動物看護師はマニュアルどおりの仕事だけではなく、状況に応じて対応する力が求められます。臨機応変に動くためには、スタッフ間だけでなく、飼い主さんともしっかりとコミュニケーションをとることが必要で、慣れるまで少し苦労しました。急な対応やトラブルの対処はとても大変ですが、成長を実感できるチャンスでもあると感じています。

動物は人と同じ言葉が話せないので、飼い主さんの話を聞きもらさず、正しく聞くことがとても大切だと考えています。病気やケガの原因などについて飼い主さんから詳しく伺うことで、適切な治療とケアができ、動物たちの幸せに繋がっていくので、これからも「聴く力」を養っていきたいです。

――学生時代に印象に残っていることを教えてください。

動物看護師の専門学校に入学するまでは、動物に興味のある人が周りにあまりいなくて、動物について話せる人がほとんどいませんでした。

しかし、専門学校ではクラスみんなが「動物好き」なんです。「動物が好き」という共通点があることで、みんなととても仲よくなりました。もちろん、それぞれ性格は違うけれど、授業について一緒に考えたり悩んだりしたのが楽しかったです。当然、先生たちも動物好きなので、とても親身になってやさしく指導してくれました。

――就職活動の思い出があれば教えてください。

学校の方針で、いろいろな病院や施設に研修に行くことができました。それぞれ病院独自のやり方などを知ることができて、とてもよい経験になりました。

就職活動では、志望動機や自己ＰＲを盛り込んだ履歴書を、読みやすく正確に作り込むことにとても苦労しました。学校のキャリアセンターで、就職支援の先生にたくさん助けてもらいながら書きあげました。

――今後の目標やキャリアプランを教えてください。

まずは、新しくできた愛玩動物看護師の資格を取得したいと思います。

できれば今の職場で、チームの先輩や同僚と一緒に長く働きたいので、少しでも貢献できる人材になれるよう、がんばっていきたいと思っています。

専門学校に通う先輩のリアルな声を大調査！

～動物看護師・学生編～

学生インタビュー❶

福《ふく》田《だ》勇《ゆう》太《た》さん

千葉県出身。TCA東京ECO動物海洋専門学校動物看護師専攻1年生。

動物看護師を目指すきっかけは？

小さい頃からたくさんペットを飼っていました。ペットを飼っていると、ケガをしたり、病気にかかってしまうこともあります。苦しんでいる動物たちを助けてあげたいという気持ちが強くなり、動物看護師を目指しました。

好きな授業は？

外科の実習授業です。実際に動物病院で行われる手術に近いかたちで、動物看護師の動きや、やるべきことを学べて、やりがいがあります。

授業で大変なことは？

座学の内容が専門的で難しく、少し苦労しています。わからないまま放置してしまうと、どんどん疑問が膨れ上がり、テスト前に大変な思いをするので、授業後の復習は必須です。

入学してよかったことは？

「動物看護師になる」という自分の夢に着実に近づいていると実感できることです。また、自分と同じように動物が好きな友達にたくさん出会えたことも、本当によかったです。

学生インタビュー❷

和泉《いずみ》南《な》那《な》さん

埼玉県出身。TCA東京ECO動物海洋専門学校動物看護福祉＆理学療法専攻1年生。

学校を選んだ理由は？

犬や猫を飼ったことがなかったので、校内で動物を飼育していたり、実習が多くて実践的なスキルを身に付けられる点がいいなと思い、決めました。

好きな授業は？

2週間に1度のトレーニングの授業です。犬種ごとの特徴や性格を知ることができるし、動物行動学の座学授業で学んだことを再確認できます。

授業で大変なことは？

学校内で飼っている動物の飼育当番です。朝早くの登校がキツかったり、責任をもって担当していてもミスをしてしまったときはとても落ち込みます。班を組んで担当するのですが、班員同士の支え合いが重要だと学びました。

将来のキャリアプランは？

動物看護師の資格を取得したうえで、ドッグカフェの店員として働きたいです。飼い主さんが動物病院で聞きづらいことを親身に相談にのったり、アレルギーや病気の動物のことも考えた、ペット向けメニューも作りたいです。

REAL VOICE INTERVIEW 2

動物看護師専門学校で講師を務める プロの声を大調査！

横《よこ》山《やま》昌《よし》美《み》先生

TCA東京ECO動物海洋専門学校講師。東京コミュニケーションアート専門学校ドッグトレーナー専攻卒業。ペットショップ、ブリーダー、トリミングサロン、ペットホテルなどで犬に携わる仕事を経験した後、獣医療業界へ。1次診療、1.5次診療、眼科専門病院、二次診療を経験。

動物看護師を目指すにあたって大切なことは？

知識や経験、技術はもちろん大切ですが、それらは実際に就職して、年数が経てば誰にでも身に付くものだと思っています。大切なことは動物が好きという気持ちと、動物の状態に気づいてあげられる観察力だと思います。

動物看護師に向いている素質はありますか？

相手の気持ちを察したり、考えていることを理解しようとすることができる人は、言葉の通じない動物に対しても、その気持ちや行動を読み取れる素質があると思います。

動物看護師の「やりがい」を教えてください。

好きなことを仕事にできていることが、やりがいを感じられる最大のポイントです。治療をしていた動物が元気に帰っていく姿や、飼い主さんの笑顔も励みになります。また、助けられなかった命に対して、飼い主さんから感謝の言葉を頂けたときや、その飼い主さんが新しい家族を迎えて再び来院してくれたときなどは、この仕事をしていて本当によかったと感じます。

動物看護師の仕事で大変なことは？

動物自身がどうして欲しいのかがわからないのに、動物の先にいる人間によって命が管理されてしまうことや、決定権が飼い主さんや管理者にあるため、私たちの力ではどうすることもできない部分があります。そこは言葉が通じない動物を相手にしている職業だからこそ、難しい部分なのではないかと感じています。

学生生活を有意義に過ごすための「学び方」を教えてください。

学生時代から、言われたことをそのままやるだけではなく、自ら考え、提案し、変えていく練習をすることが大切です。そういった経験からチームワークが生まれ、学生生活が楽しく有意義になると思います。

動物看護師として働くための就職活動についてアドバイスお願いします。

採用情報など文字だけの情報を見て比較して選ぶのではなく、実際に現場を見る、体験してみるというのが重要だと思います。

今からやっておきたい 勉強&トレーニング

動物看護師、トリマー、ドッグトレーナーとして第一線で活躍する先輩・講師・現役の学生のみなさんに、今からできる勉強とトレーニングを教えてもらいました。意見が多い順にランキング形式で発表します！

1位 犬・猫の種類と特徴を覚える

犬や猫の種類をたくさん覚えておくとよいと思います！　飼い主さんとの会話で犬種の特徴などで盛り上がることもあり、それが信頼と安心感を与えるきっかけにもつながります。

趣味で動物の動画や動物についての本を読んでいたら、自然にいろんな種類の動物を覚えてしまい、種ごとの特徴にも詳しくなりました。なんとなく得た知識ですが、現場でとても役立っています。

2位 動物とたくさん触れ合う

自宅でペットを飼っている人は、散歩をしたり、爪を切ってあげたり、ブラッシングをしたり、今よりもっと日常のお世話をしてあげると、より早くいろいろな動物の扱いに慣れることができます。

動物も人間と同じように性格の違いや好みの違いがあります。イベントなどで触れ合う機会を多くもつことで、さまざまな動物とのコミュニケーション法を身に付けることができると思います。

3位 マナーと会話力を身に付ける

現場では動物だけでなく、必ず飼い主さんと関わります。そのため、きちんと挨拶ができる、電話で正しい敬語で受け答えができるなど、マナーの基本は身に付けておいたほうがよいです！

動物関連の仕事では、コミュニケーション能力がなによりも大切。友達や家族と話すときも、きちんと聞く姿勢とスムーズな相づちを意識すると、会話力が鍛えられます。

PART 4

動物の美容師として活躍するには？

トリマーになりたい！

ペットの美容師という仕事
Hair Salon
へぇ 動物看護師ね～ 近頃はそんな仕事があるんだ
達哉の兄
堂島《どうじま》一樹《かずき》
うちは母さんがアレルギーでペットを飼うことができないけど
オレも動物と触れ合っていると心が落ちつくんだ

そういえば小さい頃のら猫が達哉のあとをついて来て
家の中まで入って来たときは大騒ぎだったな
ニャー
ほかにも拾った子犬を飼ってくれる家を探してやっと飼い主が見つかって預けに行ったら
その子犬が抜けだして家に戻って来たこともあったな
とにかく達哉はずっと動物には好かれていた

うん　オレも
動物は好きだしね
じゃあ　達哉も
動物関係の
仕事につけば
いいじゃないか
兄貴も
知ってるだろう?
オレの夢は
兄貴みたいにかっこよく
ハサミを使いこなせる
一流の美容師に
なることだよ
じゃあ　犬や猫の
毛をカットする
トリマーになれば
いいじゃん

え！そんな仕事あるの⁉
カットの仕事は人間だけじゃないし
犬や猫をかわいくすることで飼い主さんを元気にすることもできるよ
知り合いのトリマー紹介しようか？
ペットの美容師‼
それすごく気になる！

PART4

01 トリマーってどんな仕事？

技術だけでなく動物についての知識も必要

トリマーとは、犬や猫などのペットの被毛を適切に刈り込んで整える（トリミング）人のことです。ただし、**実際の現場ではトリミングだけでなく、シャンプーや爪切り、耳のケアなどのグルーミングも一緒に行いながら、体を触って体調も確認します。**

日本では、このグルーミングやトリミングを行う人を称して「トリマー」と呼びますが、これは日本独自の呼び方で、ペット先進国の欧米では「ペットの被毛の手入れのすべてを行う人」という意味で「グルーマー」と呼ばれることが多いです。

フランスで16世紀頃に誕生した職業ですが、日本では約70年と歴史が浅く、専門にトリミングしてくれる人がいても、飼い主の多くは自宅でペットの手入れをしていました。しかし最近は、ペットショップや動物病院にペットサロンが併設されて身近になったこともあり、気軽にカットやケアを依頼する人が増え、トリマーの需要は高まっています。

Question 飼い主がペットサロンに行く理由は？

Answer 「ペットのオシャレが目的」という以外に、「においが気になる」「毛や爪が伸びてきた」「耳がよごれてきた」「換毛期だから」などの理由で来店する人も。サロン利用者の多くが定期的に来店するのが特徴です。

ペットサロンに併設のサービス例

最近はトリミングやグルーミング以外のサービスを展開するサロンが増えています。トリマー技術だけでなく、必要に応じた資格を取得して活躍している人も多いです。

アロママッサージ

「アニマルアロマアドバイザー」などの資格を取得し、ペットの体調に合わせてアロマオイルを選び、マッサージする。日常のケアやシニア期のペットの健康に活用されている。

ハイドロセラピー

プールなどで水中運動をすることで、全身の筋力を強化する理学療法。オペ後のリハビリや老犬の足腰の強化、運動不足などに有効。「ハイドロセラピスト」の資格を取得して活躍しているトリマーもいる。

ドッグラン・ドッグカフェ

ドッグランやドッグカフェがあるサロンでは、飼育の正しい知識とマナーを飼い主にアドバイスできる「アニマルコーディネーター」の資格を取得して働くトリマーもいる。

移動型・訪問型サロン

「愛玩動物飼養管理士」の資格を取得し、ペットのスペシャリストとして高齢で外出が難しいペットなどを対象に、移動車で訪問サロンを営業している人もいる。

PART4

02 トリマーが活躍する場所は？

職場によって働き方はそれぞれ

トリマーの就職先は、ペットサロン、ペットショップ、ペットホテル、動物病院などさまざまです。**トリミングサロンでは、グルーミングやトリミングなどのトリマー業務を中心に行いますが、そのほかの職場では、同時に動物の世話や商品の仕入れ、販売営業など、幅広い業務を任されることがあります。**

新人トリマーにとってトリミング以外の仕事で得られるスキルは多く、たとえば営業や販売の知識がつけば、将来、独立したときに売上をあげるための戦略を考えやすくなります。ペットホテルや病院などで働き、トリマーとは違う視点でペットと触れ合うことで、犬や猫の性格や体調をより鋭く見極めることができるようにもなるでしょう。

トリマー志望であれば、「卒業後はトリミングだけをする職場に就職したい！」と思うかもしれませんが、ぜひ、**たくさんの仕事を視野に入れて、あなたの未来の職場の選択肢を広げてみてください。**

Q uestion

自分のサロンは何歳になったら開業できるの？

A nswer

トリマーは5～15年目で独立する人が多いといわれています。「独立が夢！」という人は「○歳で開業する」といった計画をたてることで、仕事へのモチベーションと技術の上達速度がアップするはずです。

トリマーでも職場によって違う仕事内容

「かわいいスタイリングで飼い主とペットの生活を豊かにしたい」「高齢のペットをカットとケアで快適にしてあげたい」など、自分がどんなトリマーになってなにを実現したいのかによって、働く環境も変わります。

Aさん

希望

＊トリミング技術をしっかり身に付けたい。

＊技術を競う大会に出場してみたい。

おすすめ

ペットサロン（美容院）

＊技術を磨くことに集中できる。

＊「小型犬専門」「スピード重視」など特色のあるサロンでは、専門技術を先輩から学ぶことができる。

Bさん

希望

＊幅広い犬種をトリミングしたい。

＊福利厚生が充実している職場に勤めたい。

おすすめ

ペットショップ

＊幅広い犬種のトリミングは行えるがケージの掃除や世話、販売業務などトリミング以外の仕事も任される。

＊大型犬の割合が比較的多い。

Cさん

希望

＊緊急時にも適切な対処ができるように病気についての知識を身に付けたい。

＊一般のサロンで断られてしまう病気や介護が必要な動物のトリミングもしたい。

おすすめ

動物病院

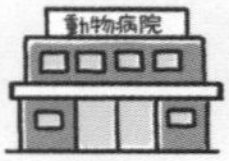

＊短めのカットが多く、技術は磨きにくいが、動物の病気の知識を高めるには最適な環境。

＊トリミング以外の仕事も行う。

このほか、グルーミングサービスを行っているペットホテルや、多くの犬が飼育されているテーマパーク・動物施設などでもトリマーが求められているよ。

PART4

03

トリマーになるための道のり

就職してから学ぶ？
専門学校で基礎を身に付ける？

　トリマーになるには専門学校で技術を学ぶルートと、お店で働きながら経験を積むルートがあります。

　トリマーには国家資格がないので、いきなり現場に出て働きながら学ぶことも可能ですが、その場合、最初は雑用がほとんど。やっとステップアップしたと思ったら、数カ月はずっと大型犬のシャンプーをしていた、という人も少なくありません。それも当然で、トリミングには専門的な技術が必要で、知識と経験がなければ動物を傷つけてしまう危険があるからです。そのため未経験者を受け入れる場合は、確かな技術が身に付くまで時間をかけて指導されます。ちなみに、**働きながら学ぶ場合、一人前と認められるまで、3〜8年はかかるといわれています**。

　一方、専門学校を卒業すれば基本的な技術は身に付いているので、即戦力として働くことができます。**専門学校は2年制が多いですが、より幅広い技術と知識が得られる3年制の学校もあります**。

POINT

資格は信用してもらうための証明

ほとんどのトリマーは技術検定などの民間資格を取得しています。トリマーは国家資格ではありませんが、技術職なので、**民間資格でも持っていたほうがすべての場面において信用度はアップします。**

トリマーを目指すためのルート

高等学校・大学

トリマー養成の専門校学校（2年制が一般的）
資格：卒業時に技術検定の資格や認定が得られることが多い。

働きながら学ぶ
資格：個人で技術検定を受験して資格を取得。

ペットサロン、ペットショップ、動物病院などでトリマーとして働く

働きながら学ぶメリットとデメリット

- ☑ 現場力と技術力が身に付く。
- ☑ さまざまな人脈ができる。
- ☑ はじめは給料が少ない。
- ☑ 一人前と認められる期間が曖昧。

進学して学ぶメリットとデメリット

- ☑ 同じ夢をもつ仲間に出会える。
- ☑ 基本的な技術と知識が身に付く。
- ☑ 就職後、比較的早くカットを任せてもらえる。
- ☑ 学費がかかる。

ZOOM IN!

通信教育でトリマーを目指すこともできる

トリマーへの道には「通信教育」で学ぶという方法もある。ただし、初心者が通信教育を選んだ場合、授業はテキストやDVDが中心になるため、モデル犬を使った実習が難しく、技術面での練習不足が懸念される。多くのサロンでは、最低でも1年間に約100匹（自宅犬含まず）のトリミング実績を望んでいるところが多いので、技術面で就職が難しくなる場合もある。そのため、サロンで働きながら技術を磨き、通信教育で知識を身に付ける人も多い。

ちなみに専門学校では、年間200匹以上のモデル犬を使って実習しているよ。

PART 4

04 トリマーの専門学校の選び方

実習の多さが魅力
学校の特色などをチェック

専門学校で学ぶメリットは、毎日のようにトリミングなどの実習授業があることです。

トリマーの仕事はなによりも**ケアとカットの技術力が必要ですが、同時にイヤがる犬や猫の扱い方と判断力も求められます。そしてこれらの技術は、日々の実習でしか身に付きません。**そのため、多くの専門学校では実習の授業に力を入れています。

授業で協力してくれる犬や猫はトリミングに慣れているので、扱いに困ることはほぼありません。しかし、それでも実践練習として、技術を習得するには十分です。学校を選ぶときは、卒業までに**どれだけ多くの種類の動物で実習できるかを確認することをおすすめします。**

ほかにも、**コンテストの出場に力を入れていたり、海外研修があったりと学校それぞれに特色があります。卒業時に得られる資格や就職支援の充実度などをチェック**して、自分のやりたいことが実現できる学校を選びましょう。

POINT

トリマーの就職率の実態を把握する

専門学校のトリマー就職率は70～90%ですが、トリマー以外の仕事に就く人ももちろんいます。自分が進む業界の現状を知るためにも、卒業生がどんなところに就職をしているのか、チェックしておきましょう。

専門学校のチェックポイント

通う場所
自宅から通うのか、学校の近くで1人暮らしをするのか？　寮はあるのか？

授業内容
トリミング以外に学びたい技術や興味が持てる授業があるか？

授業料
学費は通う年数によっても違う。2年か、3年か、夜間か、などを検討する。

資格の有無
卒業と同時に得られる資格と受験資格は？

実習の内容
実習時間やモデル犬の数など、スキルアップできる環境チェックは重要！

1人、1日1匹のモデル犬で実習させてくれる学校がおすすめ

ZOOM IN!

オープンキャンパスに参加しよう

オープンキャンパスは1年を通して実施されているので「現地に行かなくてもホームページや動画、口コミなどで情報は十分に得られる」と思わず、実際に学校に行って、雰囲気を感じてみよう。また、どんな先輩たちが通っているかもチェックできれば、自分のキャンパスライフもイメージしやすくなるはず！

オープンキャンパスに参加するときは？

服装
制服、私服どちらでもOK
清潔感があり、動きやすい格好で参加しよう。

時期
春や夏がおすすめ
特別授業が多い連休や夏休みなど、長期休みを利用するとよい。

親子参加
OKな学校が多い
親子参加を見越し、保護者向け説明会がある学校もある。

質問
たくさん質問しよう
なにを質問したいか、事前にメモをしておくとよい。

PART4

05 専門学校でどんなことを学ぶ？

実技を中心に 実践に近い形式で学ぶ

トリマーを養成する多くの学校は、**トリミング・グルーミング技術の習得と、犬や猫など動物に関する専門知識の習得に特化**しています。

1年次にはハサミやバリカンなど専門器具の扱い方はもちろんのこと、動物の抱き方、爪切り、耳の手入れ、ブラッシング、ベイジング（シャンプー）、タウエリング（タオルドライ）、ドライング（ドライヤーで乾かす）、クリッピング（足の裏の毛をバリカンでカット）などについて、座学と実習で学びます。

2年次になるとトリミングの授業が増え、飼い主が希望するスタイルに仕上げるなど、より実践に近い授業が行われます。また、動物の病気、ペットのしつけのほか、飼い主の要望をうまく聞き取るための円滑なコミュニケーション法の授業などもあります。

コンテスト出場や海外研修に力を入れている学校もあり、一人前のトリマーになるために、さまざまなカリキュラムが用意されています。

POINT

カット以外にも楽しいカリキュラムがいっぱい

長毛犬の被毛の保護のため、専用の紙で包んで保護する**「ラッピング術」**や、犬猫に対応したネイル、カラーリング、パック術を学ぶ**「ビューティ授業」など、ユニークな授業もあります。**

専門学校の1週間の授業スケジュール例（2年制）

※授業内容は学校によって異なります。

1年次

	月	火	水	木	金
9:00〜10:30	希望する授業に参加	グルーミング実習	グルーミング実習		コミュニケーション法
10:40〜12:10				トリミング実習Ⅰ	動物の体の仕組み
昼食					
13:10〜14:40		トレーニング実習	トリミング理論Ⅰ	トリミング実習Ⅰ	英会話
14:50〜16:20			コンピュータ基礎		教養＆イベント実習

爪切り、耳の手入れなど体全体のケア（グルーミング）の基礎を学ぶ。

飼い主とのコミュニケーションの取り方をグループで話し合い、相手の立場で考えることを学ぶ。

座学と実習で動物の扱い方と道具の使い方の基礎を学ぶ。

イベント企画の立案＆運営などを体験。

授業の空き時間には学校で飼育している動物の世話なども行う。

トリミング時に必要な犬のコントロール技術の習得。

2年次

	月	火	水	木	金
9:00〜10:30	希望する授業に参加	トリミング実習Ⅱ	ビューティー＆キャット実習	トリミング理論Ⅱ	トリミング実習Ⅱ
10:40〜12:10			動物看護学	トリミング実習Ⅱ	
昼食					
13:10〜14:40	教養＆イベント実習	トリミング実習Ⅱ	キャリアクリエイション	トリミング実習Ⅱ	トリミング実習Ⅱ
14:50〜16:20					

体が柔らかく扱いが難しい猫。その猫に特化した技術の習得。

グルーミング時に役立つ犬や猫の体の構造から、ノミ、ダニ、ワクチン、皮膚病に関する知識を学ぶ。

犬種ごとのカット術など、より実践的な技術を学ぶ。

設備を自由に使える学校も多く、空き時間を利用して、トリミングの練習をしている学生も多い。

トリマーやペットホテルでの業務に必要な接客術を学ぶ。

先輩

トリマーの1日に密着!

ペットサロンで働く 坂本みうさんのスケジュール

トリマー歴5年の先輩トリマーのリアルな生活をのぞいてみましょう。

1日平均2～4匹のカットと
1～3匹のシャンプーを
行っています。

坂本みうさん
（25歳）
ペットサロン
勤務5年

専門学校の友人と悩みを共有!
おしゃべりが止まらない。

予約なしで来院した
猫ちゃんの対応のため
少しだけ残業。

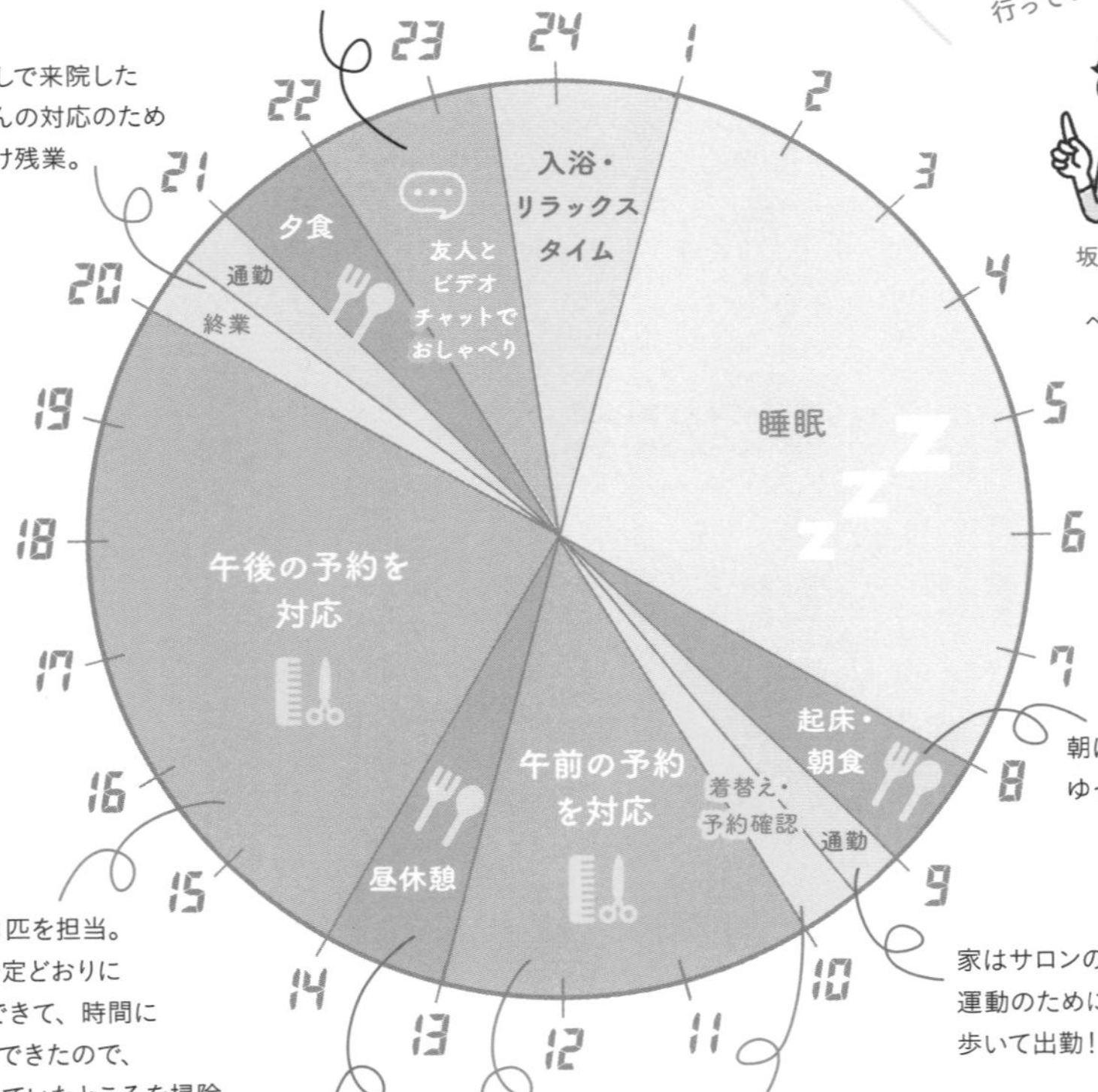

朝は少し
ゆっくり起床。

家はサロンのすぐ近く。
運動のためにも
歩いて出勤!

午後は3匹を担当。
すべて予定どおりに
施術ができて、時間に
ゆとりができたので、
気になっていたところを掃除。

作業を終えて、昼休憩へ。
近所のカフェでランチタイム。

午前中は、
1匹を担当。

制服に着替えたら
予約を確認して
掃除とオープン準備。

坂本さんメモ

この日はこんな動物が来店！

トイ・プードルのリリー（4歳）

飼い主さんの要望で、ふわふわの毛質になる特別なシャンプーをしたリリーちゃん。ブロー後、1時間ほどかけて全身のトリミングが完了。リボンをつけたら、まるでぬいぐるみ！飼い主さんにも喜んでもらえて、「また来ます」って言ってもらえた！

ダックスフンドのマロン（3歳）

マロンちゃんは1カ月に1度やってくる常連さん。頭部のシャンプーが大好きで、とっても扱いやすいいい子。タオルドライ後、ブラッシングしながらドライヤー。おしりの毛の長さを整えて完了。また1カ月後に会おうね。

ペキニーズのファーファ（2歳）

毛量の多い犬種なので、シャンプーが地肌まで行き渡るようにしっかり洗います。乾燥後、顔まわりの毛を整えているときに、ソワソワしながらずっと顔を動かしっぱなし。ストレートのハサミでは危なかったので、すきバサミを多用してカット終了。すきバサミ対応になったことをお伝えしたら、「私が3日間お休みで毎日一緒にいるからテンションが高いんです」と飼い主さん。納得！

マルチーズのマキ（6歳）

飼い主さんの希望で、白さが際立つ特別なシャンプー剤を使って3回洗う。乾燥後、顔まわりの毛を整えたら完成。飼い主さんから目やにの取り方がわからないと相談されたので簡単にできるやり方を伝授。これからも美人さんでいられるね♪

トリマーの仕事をのぞいてみよう❶

グルーミング

グルーミングの要望と家での様子を質問してからスタート！
ブラッシング、シャンプー、肛門絞り、爪切り、耳のケアをしながら
健康チェックをすることで、皮膚のトラブルが見つかることもあります。

＊グルーミング（カットを含む）の流れは店舗によって異なります。

ブラッシング・コーミング

はじめにしっかりブラッシングをしながら、
体の状態を確認していくよ。

【耳】

腫れや異臭、ベタつき、痛がっていないか、かゆがっていないかをチェック。

【目】

目やにの色や眼球の状態をチェック。

【鼻】

鼻が濡れているか、鼻水が出ていたら色をチェック。

【口】

歯や歯茎、舌の状態と出血や口臭をチェック。

【皮膚】

ノミやダニがいないか、かぶれや湿疹がないか、皮膚の状態をチェック。

【爪】

爪や神経の状態や伸び具合などをチェック。

【被毛】

フケや脱毛、毛玉の有無をチェック。毛玉は濡れると固まってしまうので、必ず取り除くこと。

肛門絞り

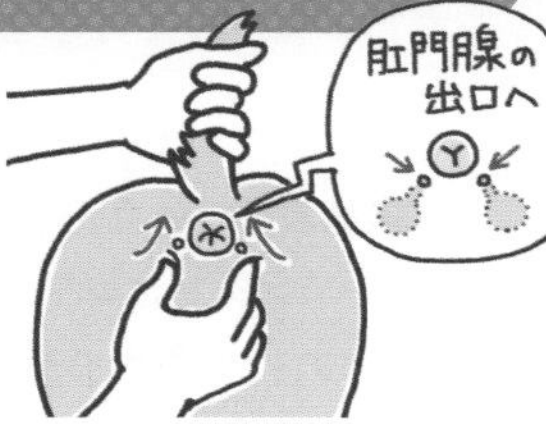

犬は肛門の左右にある袋（肛門腺）に分泌液が溜まっていると炎症の原因になるので、1カ月に1度は肛門から押しだすように絞る。液が服や髪に飛び散ると悪臭が取れなくなるので、肛門をティッシュペーパーで押さえたり、シャンプーのときに行うことが多い。

シャンプー

お湯を足からかけて全身を濡らしたら、シャンプーを泡立て体を洗う。よごれが溜まる足裏、内股、顔、耳の裏はとくに念入りに洗う。シャンプー剤が残っていると皮膚トラブルの原因になるのでシャワーで全身をしっかり洗い流し、ドライヤーで乾かす。声をかけ続け、安心させることを心がける。

爪切り

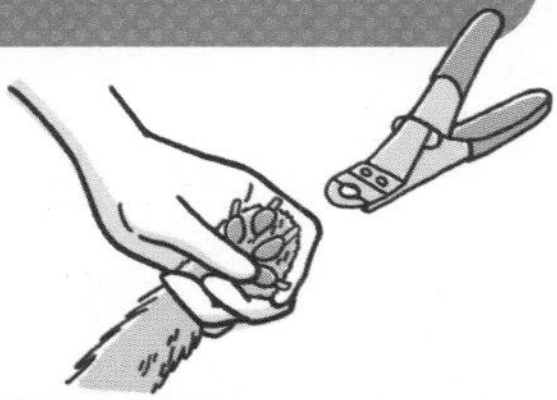

肉球の毛をカットしたら、足の関節を中指、薬指、小指で持ち、親指で切りたい指の肉球を、人差しで爪の付け根を持って専用の爪切りでカットする。血管を傷つけないよう少しずつ慎重に切り、最後にヤスリで整える。

耳のケア

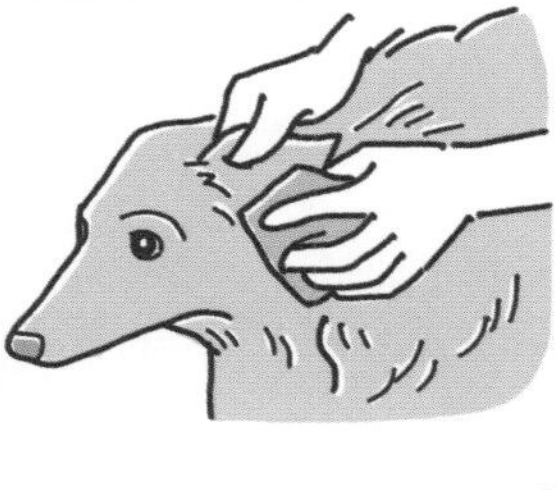

耳まわりの毛を整え耳全体のよごれはコットンやガーゼで拭き取る。細部は綿棒でやさしく拭く。耳がたれている種類はよごれやすいので、とくに念入りに行う。

カット・仕上げに続く

トリマーの仕事をのぞいてみよう❷

トリミング

施術前に飼い主から要望を聞き、イメージをすり合わせることが大切です。
グルーミングを含めたトリミングの時間は、犬種やその犬の性格にもよりますが、
小型犬で約2時間、大型犬なら3時間かかることもあり、
長時間になるほど動物に負担がかかるので、スムーズに行いましょう。

カット・仕上げ

ハサミで傷つけない
ように集中！

要望をヒアリング

飼い主からの「かわいく、ふんわり」などの要望は、仕上がりイメージにずれが生じることもあるので「胴回りの毛は短く、顔まわりの毛は長く残すのはどうですか？」など、具体的に提案し、飼い主が納得できるスタイルを決める。

カット

バリカンとハサミを使い分けてカット。バリカンの音に敏感に反応してしまうこともあるので注意すること。

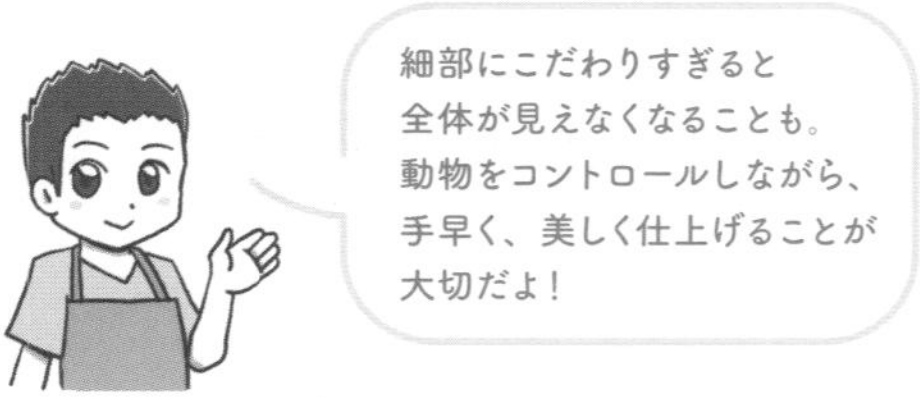
細部にこだわりすぎると
全体が見えなくなることも。
動物をコントロールしながら、
手早く、美しく仕上げることが
大切だよ！

仕上げ

最後に全体のバランスを確認。微調整をして、終了。

トリミングが必要な理由

皮膚トラブルを防ぐ

毛が長い犬種は定期的にトリミングをしないと毛が絡まり、皮膚トラブルをおこしやすくなる。また、短くすることで熱がこもりにくくなり、熱中症の危険を下げることもできる。ただし、あまり短くしすぎると、皮膚が紫外線にさらされてしまうので注意。

滑りにくくする

肉球は歩行時の滑り止めの役割を果たしている。しかし、毛が伸びすぎると滑ってケガの原因になるので、短く切り揃えておくことが大切。

衛生を保つ

おしりのまわりなど、糞や尿が付いた状態が続くと雑菌が繁殖して皮膚トラブルの原因になることもある。定期的にカットすることで、キレイな状態が保ちやすくなり、日常の手入れもしやすくなる。

ZOOM IN!

どんな犬や猫にもトリミングは必要？

シングルコート、長毛種は気をつける

夏に内側の毛が抜け落ちるダブルコートの犬は日常のブラッシングだけで大丈夫。しかし、1年を通して少しずつ生え変わるシングルコートの犬は放っておくと毛が絡まりやすくなるので、トリミングが必要。また、自分で頻繁に毛づくろいをする猫は、毛をたくさん飲み込むと「毛球症」の原因になるので、ダブル、シングルに関わらずブラッシングは必要。さらに、長毛種や皮膚トラブルがある場合は、状態によってはトリミングが必要になる。

シングルコートの犬種の例

＊プードル　＊ヨークシャー・テリア
＊マルチーズ　＊グレート・デーン
＊パピヨン　＊グレーハウンド　など

長毛種の猫例

＊ペルシャ　＊メインクーン
＊ノルウェージャンフォレストキャット
＊スコティッシュ・フォールド
＊ヒマラヤン　など

PART4

06 動物と信頼関係を築くには？

ペットから信頼されるトリマーは飼い主からも信頼される

飼い主は、自分のペットがトリマーに信頼を寄せている姿を見るだけで安心するものです。実際、「愛犬が喜んでいる」「うれしそうに入店する」といった理由で常連になってもらえるケースが多くあります。

動物との信頼の構築には、トリミングを好きになってもらうことが大切ですが、**犬や猫がトリミングをイヤがる最大の理由は「過去にイヤな思いをした経験がある」です。そのため、とにかく「イヤ」な気持ちにならないように、常に声をかけながらトリミングを進めます。**

「ブラッシングするね」「カットを始めるよ」と声をかけ、使う道具を見せてから作業をすることで、不安な気持ちを解消します。シャワーを使うときは足元からゆっくりお湯をかけるなど、安心させるテクニックはたくさんあるので、経験を積んで習得していきましょう。

どんな方法でも暴れてしまう場合は、口輪をはめる、おやつを使って対処することもあります。

POINT

サロンに来るのは犬と猫どっちが多い？

カットまで行うのは圧倒的に犬が多く、**猫は爪切りや耳のケアなどの目的で来店することが多いです。**最近は、猫専用のサロンも増え、猫の利用率も高くなってきています。

暴れてしまう子の気持ちを考える

トリミングやグルーミングをイヤがるペットでも、すべての施術が「イヤ」なのではなく、シャンプーが嫌い、バリカンが苦手など、「イヤ」の理由はさまざまです。様子を見ながらひとつずつ対応しましょう。なにがイヤなのかを観察、分析することが大切です。

距離感が大切

震える、歯をくいしばっているなど怖がっている場合、少しの動作でも動物の警戒心を強めてしまうことがあるので、距離を置いたり、自分のにおいを嗅がせて落ち着くまで待つ時間を作ることも必要。

大切なものを尊重する

首輪やリードをはずしてトリミングをはじめますが、首輪やリードをはずされたとたん、急に不安になって大騒ぎするケースも。その場合は、はじめははずさずに施術をすることで落ちつくこともある。

怖い場所には安らぎを!

高いところが苦手、テーブルが怖いなどの理由で、トリミング台に乗るのをイヤがることも。飼い主にお気に入りのマット持ってきてもらってトリミング台に敷くことで、安心してもらう方法もある。

ZOOM IN!

動物の行動から気持ちを察知する

犬や猫はとくに、耳・口・鼻・目・毛・しっぽ、そして姿勢から感情を表現（ボディーランゲージ）している。しっぽを振っているからといってうれしいとは限らないので、目つきや動きをよく観察しよう。

動物ファーストで行動すれば、
トリミングを好きになってくれるはず!

PART4

07

信頼されるトリマーになるには？

飼い主もペットも笑顔になれる対応を心がける

トリマーは飼い主に「かわいい!」と喜んでもらえることがやりがいにつながります。そのためには、飼い主と良好な関係を築くことが大切で、**常に丁寧な対応を心がけることはもちろん、要望にどこまで応えられるかがポイント**になります。とくに初回のカウンセリングは重要です。**十分に時間をかけ、飼い主が思い描くイメージをしっかり聞き取りましょう。**雑誌の切り抜きや自作のイラストを持参する人もいますが、毛質や長さなどで希望どおりに仕上げることが難しい場合もあります。そのため、完成のイメージをすり合わせておくことが大切です。

また、「ワクチン接種の証明書がない」「重症化しやすい持病がある」「病気を発症している」などの場合、事故やほかの動物への感染も考慮しなければなりません。予約を受けるときには確認を怠らず、場合によっては丁重に断る必要もありますが、店の信用にも影響が及ぶので注意して対応しましょう。

POINT

明瞭な料金体系の説明を

施術の内容によって料金が変わる場合は、予約時に説明が必要です。「毛玉1個につき追加料金が必要」「おむつを使った場合は実費がかかる」など、サロンによってルールが違うので、丁寧に説明しましょう。

現場で役立つ飼い主とのコミュニケーション術

預かる前のカウンセリングポイント

飼い主とは視線を合わせて、丁寧な言葉で話す。

聞き忘れを防ぐため、必ずメモを取りながら聞く。

無理な要望と思えることでもはじめから否定せず、代案を提案する。

ペットの病歴や体調、ごはんを何時に食べたかなどを質問する。

ペットのクセや性格の把握も施術の参考になる。

飼い主の不安が解消されるまでヒアリング。

お迎え時のひとこと

飼い主は「かわいく仕上がったかな」というワクワク感と、「迷惑をかけていたらどうしよう」という不安を抱えながら迎えにくるもの。どんなに忙しくて時間がなくても、トリミング中の様子や体調（体の変化）、毛質などの情報とアドバイスを伝えることで信頼感が増していく。

ZOOM IN!

カットの技術以外に飼い主がチェックしているところ

サロンの衛生面

たくさんの犬や猫がやってくるサロン。病気の感染を気にする飼い主もいるので、器具の洗浄はもちろん、店内はいつも清潔にしておくこと。

動物と人への対応

仕上がりや動物への接し方はもちろん、適切なアドバイスをしてくれる、トリミング中の様子を報告してくれるなど、担当トリマーの対応の仕方によって満足度がアップする！

さまざまな悩みに対応できるトリマーを目指して

現役トリマー

渡《わた》邉《なべ》柚《ゆず》夏《か》さん

TCA東京ECO動物海洋専門学校ペットトリマー＆エステティシャン専攻卒業。猫（スコティッシュ・フォールド）と犬（ミニチュア・シュナウザー）を飼っている。プードルとシュナウザーのカットが得意。

――渡邊さんがトリマーを志したきっかけは？

祖父がシェットランド・シープドッグのブリーダーをしていたので、小さい頃から犬と関わることが多かったことと、母がトリマーの資格を持っていたので、トリマーという職業にあこがれを持ったことがきっかけです。

現在はペットホテル付きのトリミングサロンで働いています。皮膚病などの持病があり、ほかでは断られてしまうようなワンちゃんや、老犬、噛みぐせがある子もお店の方針で、できる限りですが施術を受け入れています。

「新卒のうちに、いろいろなタイプのワンちゃんを担当して幅広く対応できるトリマーになりたい！」と思っていたので、受け入れの間口が広いことが就職の決め手になりました。

――仕事の内容を教えてください。

主に犬のトリミングです。それ以外にも、ペットホテルに宿泊している子のお世話や散歩などもしています。

電話が鳴ったり、飛び込みで来店した人がいれば、一度カットの手を止めて対応することもしばしばあります。もちろん、トリミング前のカウンセリングや会計も行います。

――トリマーの仕事のやりがいを教えてください。

モジャモジャに毛が伸びたワンちゃんがキレイになって帰っていく姿を見たり、飼い主さんの希望を伺い、施術後に「理想どおり！」と喜んでもらえた瞬間に、なによりやりがいを感じられてとても幸せです。

また、ペットホテルの利用者から「あなたがいるから安心して預けられる」と言われたときもうれしい気持ちになると同時に、命を預かる責任の重さをいつも感じ、「がんばろう」と改めて思います。

――仕事で苦労を感じることはありますか？

苦労するのは「時間との勝負」ですね。専門学校でも実習の授業では時間を意識しながらカットの実習を行っていたので、就職してからもかなり役立ちました。

ただ、時間に制限があるとはいってもトリミング慣れしていないワンちゃんは、なるべくその子のペースに合わせて施術をしてあげなくてはいけません。とくに、はじめてトリミングをする子や、人見知りで怖がりな子が来店したときは、飼い主さんに「今日はサロンに慣れることに注力してカットを進めたいので、あまりキレイな仕上がりにできないかもしれません」と伝えることもあります。

ほとんどの場合、理由を丁寧に説明すると納得してもらえますが、なかには、なかなか納得するのが難しい飼い主さんもいます。そんなときは、ワンちゃんの気持ちを優先できず、強引にカットを進めなくてはいけないこともあるので、とても悲しい気持ちになることもあります。

――学生時代に印象に残っていることを教えてください。

専門学校時代、実習の授業で、ワンちゃんにケガをさせてしまったことがありました。かなり落ち込みましたが、先生がやさしくフォローをしてくれたおかげで、うまく気持ちを切り替えることができました。

今でも、ワンちゃんにケガをさせてしまったときは、「自分はプロ失格だ……」と落ち込んでしまうときがありますが、学生時代の経験を思いだして、気持ちの切り替えに努めています。

――今後のキャリアプランを教えてください。

今、とても仕事が楽しく、ありがたいことにたくさん指名をいただいているので、いつかは独立して、飼い主さんとワンちゃんに寄り添えるサロンをオープンしたいと思っています。

――トリマーを目指す人たちにアドバイスをお願いします。

動物業界の仕事は、どんな職種でもコミュニケーションが大切です。飼い主さんとたくさん話をすることで希望が細かく聞けますし、大切な家族の一員を安心して預けていただくことができます。

もし、学生時代にはアルバイトをしようと考えているなら、人と話すことが多い飲食店や販売スタッフなどの接客業がおすすめです！

専門学校に通う先輩のリアルな声を大調査！

〜トリマー・学生編〜

学生インタビュー❶

酒《さか》井《い》翔《しょう》太《た》さん

TCA東京ECO動物海洋専門学校ペットトリマー＆エステティシャン専攻2年生。

進路を動物業界に決めたきっかけは？

犬を幼少の頃から飼っているんですが、私にとって大切な家族なんです。将来に悩んだときもそばにいてくれて、その存在に助けられたことから、犬たちに関わる仕事がしたいと思いました。

学校を選んだ理由は？

近隣の人が飼っている大切なペットを、学生が受付から担当して預かり、要望に沿ったカットをしてお返しするという演習が行える点が魅力的で、進学を決めました。

入学して成長を感じられるところは？

元気に挨拶をすることが当たり前になりました。動物業界は挨拶やマナーをとても大切にしていますので、自分を含め、みんな日頃から意識して行っています。

将来のキャリアプランは？

大手サロンからの内定をいただいているので、まずはそこで技術を磨き、店長クラスのポジションも経験して経営を学びたいです。そしていつか自分のサロンを開業したいと考えています。

学生インタビュー❷

横《よこ》須《す》賀《か》桃《もも》花《か》さん

千葉県出身。TCA東京ECO動物海洋専門学校ペットトリマー＆エステティシャン専攻1年生。

進路を動物業界に決めたきっかけは？

飼っている犬が皮膚病になってしまい、動物病院によく通っていました。その病院の看護師さんは、動物アレルギーを持っているのですが、いつも懸命に働いている姿を見て、犬猫にアレルギーを持っている自分でも動物業界で働けるのではと、希望を持ったことがきっかけです。

好きな授業は？

トリミング実習です。小型犬から大型犬まで、毎回、いろんな種類の犬のトリミングができるので、楽しいです。

授業で大変なことは？

動物の体の仕組みを学ぶ座学の授業は、覚えることが本当にたくさんあって大変です。暗記が苦手なので、苦労しています。

将来のキャリアプランは？

今は保護犬などをトリミングしてキレイにしてあげたいという気持ちがとても強く、そうしたボランティア活動を積極的に行いながら、トリミングサロンや動物病院で働きたいと思っています。

PART 5

犬の訓練士として活躍するには？

ドッグトレーナーに なりたい！

佳那の家
しつけで困っている人って多いかも!?
行ってきま〜す！

どうしました？
この子
あんまり散歩が
好きじゃないみたいで
この辺りに来ると
動かなくなっちゃうの
もしかしたら
この先の大きな通り
が怖いのかも
え！
うちの子も小さいとき
トラックのクラクションに
びっくりしてからは
しばらく向こう側には
散歩に行きたがら
なかったから…

あっ そうかも 怖かったの？ じゃあ戻る？
そこを左に曲がった道は 車も少ないし 散歩コースに おすすめですよ
ありがとう ございます！
じゃあ
！
ダッ

すごい
歩きだした！
よかった
無事に散歩
できるように
なったみたい
でも
犬のしつけで
困っている人って
意外に多いのかも
う～ん
犬に関わる仕事か…
はっ
のんびりしてたら
学校に遅刻しちゃう！
走るわよ！

PART5

01 ドッグトレーナーってどんな仕事？

犬の基本的なしつけから専門的な訓練まで行うプロ

ドッグトレーナーとは犬のしつけや訓練に関わる職業のことで、コミュニケーションをとりながら犬との信頼関係を構築して、しつけや訓練を行うプロフェッショナルです。

家庭で飼われている犬のしつけを行うドッグトレーナーは、「おすわり」「待て」などの基本的な動作のほか、噛みぐせ、むだ吠えなどの困った行動の矯正など、依頼者（主に飼い主）の要望を受け、犬の性格に合ったさまざまなトレーニングを行います。また、飼い主に犬との接し方をアドバイスして、犬と人間が幸せで良好な関係を築けるようにサポートする役割もあります。

一方、身体の不自由な人をサポートする盲導犬や介助犬、鋭い嗅覚を活かして犯人や行方不明者を捜索する警察犬や災害救助犬など、**人や社会のために働く犬の訓練を行うドッグトレーナーもいます**。こうしたトレーナーは「犬の訓練士」や「ハンドラー」と呼ばれ、高度な技能を習得させる専門家です。

Question　訓練士になったらドッグトレーナーにはなれないの？

Answer　ドッグトレーナーも訓練士も、犬のトレーニングを行う専門家。それぞれの犬に求められる技術を教えることは同じなので、訓練士が家庭犬のしつけを行ったり、ドッグトレーナーが訓練士になることも可能です。

ドッグトレーナーの仕事は大きく2つに分かれる

家庭犬のトレーナー

主に犬のしつけと困った行動をやめさせたい飼い主から一時的に犬を預かり、飼い主を指導しながら一緒にトレーニングを行う仕事。「犬種」「年齢」「性別」「性格」「飼育環境」にとらわれないしつけが求められるので、どんな犬にも対応できる知識が必要。犬とどう暮らしたいか、飼い主の要望をヒアリングし、それを理解してトレーニングすることが求められる。

働く犬の訓練士・ハンドラー

人のために働く使役犬《しえきけん》をトレーニングする仕事で、主に訓練施設で働く。「すわれ」「伏せ」といった基本的な服従訓練のほか、警察犬なら「臭気選別」「足跡追及」、盲導犬なら視覚障害者の安全を保ちながら「障害物をよける」「交差点で止まる」など、犬に与える仕事の特性に合わせた技能を教える。

ZOOM IN!

こんなにいる！ 働く犬たち

- ☑ においで犯人を捜査する「警察犬」
- ☑ 視覚障害者の誘導や生活の手助けをする「盲導犬 」
- ☑ 病気や障害に合わせて日常の補助をする「介助犬 」
- ☑ 聴覚障害者の代わりに音を知らせる「聴導犬」
- ☑ 行方不明者を捜査する「災害救助犬 」「山岳救助犬」「水難救助犬」
- ☑ 空港などで荷物から検疫が必要な品物を見つけだす「検疫探知犬」
- ☑ 麻薬のにおいを嗅ぎ分ける「麻薬探知犬」　　など

これらはすべて
犬の訓練士が
育成しているよ。

PART5

02 ドッグトレーナーの働く場所は？

犬のしつけを望む人がいる限り働く場所は広がっていく

ドッグトレーナーの働く場所は意外に多く、**家庭犬のしつけ教室（ドッグスクール）をはじめ、しつけ教室を併設するペットショップやペットホテル、動物病院、ペットサロン**などがあります。

基本的な仕事は「犬のしつけ」ですが、愛玩動物看護師やトリマーの資格を取得してさまざまな仕事に取り組んでいる人もいます。

また、トレーナーとしての実績を活かし、ドッグショーで犬の魅力を最大限にアピールしながら正しく誘導する「ハンドラー」として活躍している人もいます。

一方、**働く犬の訓練士は主に専門の訓練施設で働きます。**介助犬や盲導犬など障害のある人を助けるための訓練士は、それぞれの協会や専門施設で働きながら犬の世話と訓練を行います。

警察犬や災害救助犬の訓練士の場合は民間の訓練所に入り、事件や事故を解決に導くためのトレーニングを担当するのが一般的です。

POINT

飼育経験がなくてもトレーナーになれる？

もちろん、犬を飼ったことがあるトレーナーは多いですが、専門学校や訓練所ではじめて犬と深く触れ合ったという人が、トレーナーになって活躍しているケースもたくさんあります。

ドッグトレーナーでも職場によって違う仕事内容

しつけ教室

飼い主から犬を預かってトレーニングする。最近は犬同士の触れ合いから社会性を学ばせる「犬の幼稚園」も増えている。

ペットホテル、ショップ、サロン

困っている行動の解決策やしつけの指導のほか、販売している商品の管理や施設の掃除、動物の世話などを担当することもある。

動物病院

集団・個別のしつけトレーニング教室を開講する動物病院も増えている。グルーミングやトリミングができるとさらに活躍できる。

ドッグショーのハンドラー

ハンドラー（調教師）として、トレーニングに関わる仕事。ドッグショーに出場する犬の特徴を、いかにうまく引きだせるかが腕の見せどころ。

訓練施設

盲導犬、聴導犬などは、各協会に所属して技術を習得する。警察犬や災害救助犬も専門の訓練施設で訓練士として学びながら実績を積み上げていく。

その他

タレント犬のトレーニングとマネージメント、ドッグカフェ、ペット同伴可能のホテル、ドッグシッター、ドッグセラピーなど、さまざまな場所で活躍。

ZOOM IN!

なぜドッグトレーナーになりたいのかを考える

「家庭でのしつけの重要性を感じ、飼育放棄を減らしたい」「震災現場で働く犬たちに感動した」など、なぜドッグトレーナーになりたいと思ったのか、その動機を考えることで、どこで、どのように働きたいかが見えてくる。

PART 5

03 ドッグトレーナーになるための道のり

知識と信頼が実績になるドッグトレーナーの歩み

家庭犬をしつけるドッグトレーナーに必要な資格はありません。そのため、犬のしつけが得意な人が、今日から「ドッグトレーナーです」と名乗ることも可能です。

しかし、実際は専門的な知識やテクニックが必要な業界です。**独学での習得はとても難しいので、専門の学校に通ったり、ドッグトレーナーとして働きながら学んだり、訓練施設の研修生になって勉強するのが一般的**です。

また、訓練実績を参考に依頼されることが多いので、ドッグトレーナー協会などが行っている民間の資格を段階的に取得して、常に技術力を磨く努力も必要です。ハンドラーと犬が息を合わせて障害物を時間内にクリアする「アジリティー大会」で実績を積むケースもあります。

家庭犬を訓練するのか、働く犬を訓練するのか、ドッグトレーナーになるルートはひとつではないので、自分に合ったキャリアプランを考えましょう。

POINT

ドッグトレーナーは独立する人が多いの？

ドッグトレーナーの**年収は150～350万円**ですが、**独立開業をすると年収1000万円ほどになることも**。そのため「早く独立したい」と考える人も多いのですが、経験がなにより財産の世界。まずは知識と技術を磨き、実力を身に付けることを目標にしましょう。

ドッグトレーナー・訓練士を目指すためのルート

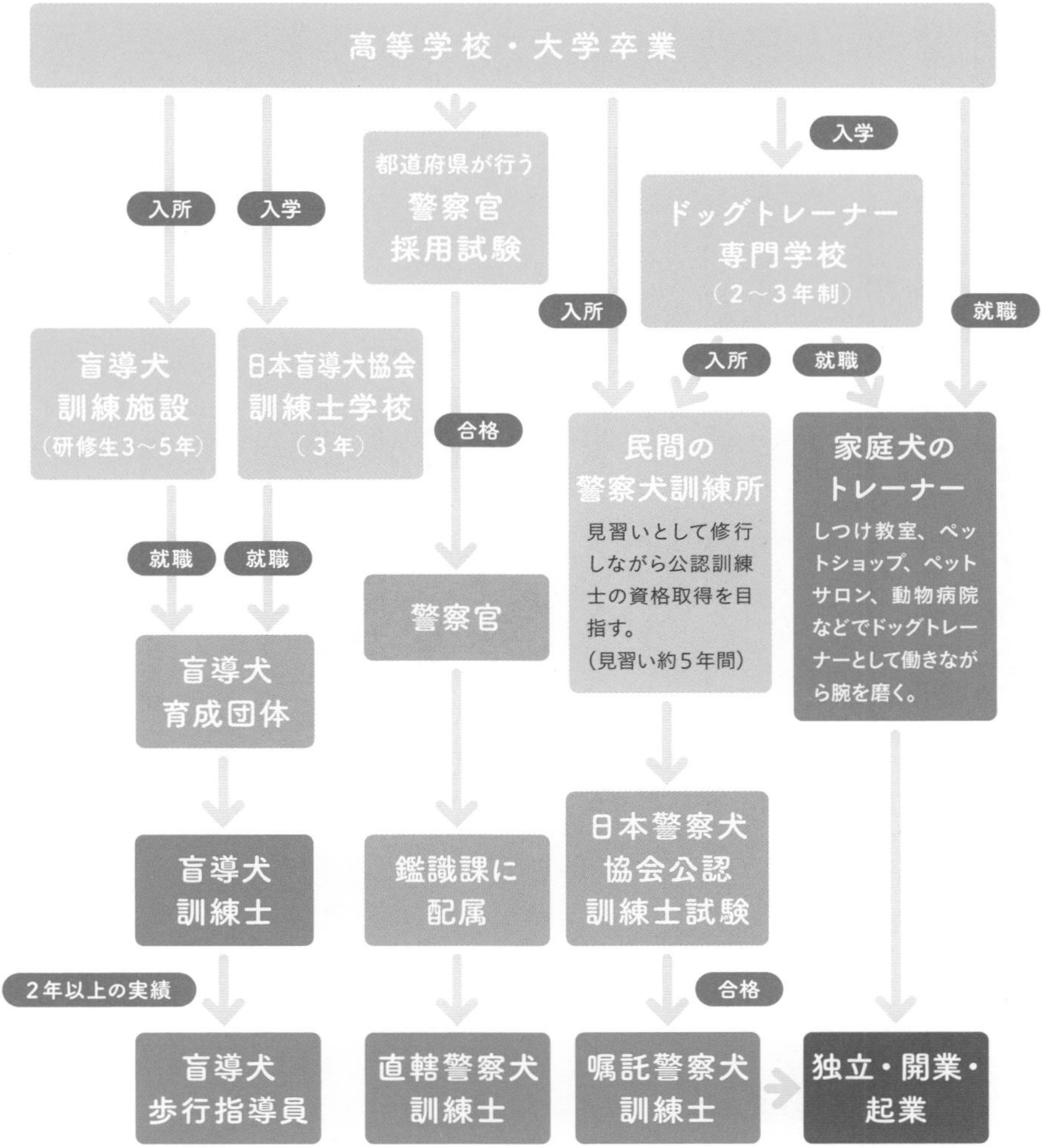

専門の訓練士は
それぞれの施設や学校に入らないと
なれない場合が多いので確認しよう！

04 専門学校でどんなことを学ぶ？

学校の特徴を見極め、自分の目標に合わせて選択

ドッグトレーナーの専門学校は**2年制が多く、1人5匹以上の犬を訓練する本格的な授業が特徴**です。

1年次は犬との信頼関係を築きながら、「待て」「伏せ」などの基本のトレーニングをメインに、グルーミングや動物の健康管理などについて学びます。

2年次では家庭犬や働く犬の訓練士になるための、さらにレベルの高いトレーニングメニュー、マッサージやリハビリ術、栄養管理学など、より専門的な授業が展開されます。

また、学生が**目指す仕事の職種と希望に合わせて、家庭犬、警察犬、ドッグスポーツトレーニングなどの専門授業があったり、企業と協力して校内で働く犬の育成を行う学校もあります**。卒業と同時に「アニマルコーディネーター」などの資格を得られる学校もあるので、気になる学校のオープンキャンパスには積極的に参加しましょう。ちなみに専門学校の場合、2年間で約150～250万円の授業料がかかります。

POINT

授業に協力してくれる犬は学校で飼育しているの？

さまざまことに対応できるトレーニング技術を身に付けるため、**性格や体格の違う犬を学校で飼育**していますが、**近所で飼われている犬をモデル犬として登録**してもらい、トレーニング実習をしている学校もあります。

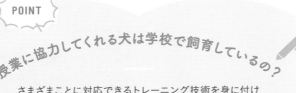

専門学校の1週間の授業スケジュール例

※授業内容は学校によって異なります。

1年次

	月	火	水	木	金
9:00〜10:30	希望の授業に参加	グルーミング実習		ドッグトレーニング実習	ドッグビジネスⅠ
10:40〜12:10			動物の健康管理		ショップ実習
昼食					
13:10〜14:40		パソコン実習	英会話	動物の行動学	ドッグトレーニング実習
14:50〜16:20		教養&イベント実習	コミュニケーションスキルアップⅠ		

「待て」「伏せ」などの服従訓練を通して犬との信頼関係を築いていく。

ペット業界で働くために、生体管理、店舗運営、販売促進方法を学ぶ。

健康に飼育管理するための病気の予防、応急処置、公衆衛生について学ぶ。

犬や猫の行動を理解し、問題行動の原因や対処、予防法などを学ぶ。

コミュニケーション能力を高めるためのトレーニング授業。

2年次

	月	火	水	木	金
9:00〜10:30	希望の授業に参加		ドッグトレーニング実習	アニマルフィットネス	動物関連法規
10:40〜12:10		犬の栄養学			教養&イベント実習
昼食					
13:10〜14:40		ドッグトレーニング実習	社会福祉論	コミュニケーションスキルアップⅡ	ドッグトレーニング実習
14:50〜16:20			ドッグビジネスⅡ		

マッサージやリハビリ術などについて学ぶ。

動物愛護管理法や鳥獣保護管理法などの動物に関する法律を学ぶ。

犬のライフステージに合わせた栄養と管理について学ぶ。

より高度なトレーニング法を学ぶ。

犬関連のビジネスを中心に、動物業界で働くための職業観などについて学ぶ。

PART5

05 大学でどんなことを学ぶ?

実習は少なめで 知識と教養を深める

大学に進学する場合、専門学校のようにドッグトレーナーになるためのコースというものはなく、「獣医学部動物応用科学科」や「動物飼育トレーニング学科」「アニマルサイエンス学科」など、動物関連の学科に進学することが多いです。

授業のほとんどが座学で、動物行動学、動物社会学、動物心理学、動物福祉学、動物看護学など、動物に関する幅広い知識や動物と人間の関わり方などを深く学ぶほか、校内での動物飼育を通じて実習的な学びをするなど、興味のある分野を徹底的に探求できる環境が整っています。

しかし、専門学校に比べてトレーニングなどの実習が少ないため、在学中にドッグトレーナーのスクールに通ったり、アメリカのドッグトレーニングスクールに留学して技術を習得し、帰国後に就職するルートを選ぶ人もいます。技術の習得は就職後でも身に付けられるので、**より理論的に学びたい人には大学がおすすめ**です。

Question 大学4年間の学費はどれくらいかかる?

Answer 専門学校が2年制が多いのに対し、大学は4年制。一概に金額の比較はできませんが、一般的に動物関連の学科がある私立大学の場合、4年間の学費は500～600万円ほどです。

大学と専門学校の比較

	大学	専門学校
修業年限と卒業までに必要な単位	＊修業年限　4年 ＊必要単位　124単位以上	＊修業年限　2～3年 ＊必要単位　2年制　62単位 3年制　93単位 4年制　124単位
授業内容	座学が中心で、動物に関する幅広い専門知識を学ぶ。研修や実技・実習は少ない。	犬に特化した授業と実践的なトレーニング授業で知識と技術を習得。研修や実習が多い。
資格の有無	資格が取得できる学校もあるが、個人で受験して取得するケースが多い。	卒業と同時に資格が得られたり、実技検定に合わせたカリキュラムや特別授業がある。
就職	研究者や開発など一般企業の求人が多く、ドッグトレーナーの求人は少ない。求人を自分で探すケースもある。	学校の実績によって差はあるが、ドッグトレーナーに関する求人は多く、就職サポートが充実している。

先輩からアドバイス！

夢の実現には探究心が不可欠

学んだ知識をどう活かすかが大切

（犬のしつけ教室経営　35歳　男性）

大学在学中にドッグトレーナースクールに通い、その後、約8年間ドッグトレーナーとして働き、しつけ教室を開業。ドッグトレーナーはしつけ技術はもちろんですが、飼い主さんとのコミュニケーションがとても大切。大学で学んだ、人と動物の心理学の授業がすごく役立っています。

大学なら進路変更も可能に！

（ドッグカフェ経営　41歳　女性）

ドッグトレーナーになりたくて大学に行きましたが、犬が人に対して抱く「信頼」の研究が楽しくなり、そのまま大学で10年間、研究職を続けました。現在は、セラピードッグのいるカフェを開業。お客さんの飼育相談にのったり、しつけが必要なペットにドッグトレーナーを紹介しています。

06 直轄警察犬訓練士になるには?

／警察犬の訓練士になる❶／

警察犬訓練士の配属は鑑識課

警察犬訓練士になるには、警察官になる、もしくは嘱託の訓練士になる、の2つのルートしかありません。

警察犬には、各都道府県の警察が飼育・訓練している「直轄警察犬」と、民間の訓練所が飼育・訓練している「嘱託警察犬」がいます。「直轄警察犬」を訓練するのが警察官、「嘱託警察犬」を訓練するのが民間の警察犬訓練士です。ここでは直轄警察犬の訓練士になるための方法を紹介します。

直轄警察犬の訓練士になるには、警察犬を扱う都道府県が行っている警察官採用試験を受験し、警察官になる必要があります。採用試験には高校卒業程度の学力が必要とされる一般教養と論文試験のほか、口述試験や体力試験などがあるので、試験対策が必要です。

また、警察官になったとしても、**警察犬を訓練する鑑識課に配属されるかはわからないので、とても狭き門**ですが、事件解決や人命救助にも関わるやりがいのある仕事です。

POINT

直轄警察犬訓練士になれる県は限られている

直轄警察犬が存在するのは、警視庁（東京都）、神奈川県警、千葉県警、京都府警など28都道府県のみ。直轄警察犬訓練所に配属されても部署異動などもあり、訓練士を長く続けられるとは限りません。 ※2022年度現在。

警察犬が訓練で身に付ける4つの能力

訓練士は警察犬候補の犬とペアになり、マンツーマンで訓練を繰り返します。主従関係をつくる「服従訓練」（約6カ月）から始め、「臭気選別・足跡《そくせき》追及」「犯人襲撃と警告」（約6カ月）を覚えさせ、捜査に役立つ能力を習得させます。

服従訓練

はじめに行う基本の訓練。停座《ていざ》（すわる）、伏臥《ふくが》（伏せる）、立止《りっし》（立って待つ）、脚側行進（訓練士の左側で動き、止まる）、物品時来《ぶっぴんじらい》（物をくわえて持ってくる）などの指示に従う服従行動を訓練する。

臭気選別訓練と足跡追及訓練

「臭気選別」は犯罪現場に残された犯人の遺留品と容疑者のにおいが一致するかをかぎ分けること。「足跡追及」は行方不明になった人や、遺留品のにおいから足取りを探り当てること。

犯人襲撃と警戒の訓練

速く走れる犬の特性を活かして、逃げる犯人を追いかけたり、不審者に対して威嚇や特定部位への噛みつきなど、警備やパトロールに役立つ訓練。リードを離した状態でも、人の指示どおりに動く能力を高める。

現在、活躍している警察犬のうち、
直轄の警察犬は10%ほどで、残りの約90%が嘱託警察犬。
この数字からもわかるように直轄警察犬訓練士への道はとても厳しい！

07 嘱託警察犬訓練士になるには？

民間の訓練所に入所して実力をつける

嘱託警察犬を育てるのが民間の警察犬訓練士（嘱託警察犬訓練士）です。「嘱託警察犬」とは、民間で飼育・訓練され、警察犬試験に合格した犬のことで、警察から依頼されて捜査を手伝います。

ドッグトレーナーに資格は不要ですが、**嘱託警察犬訓練士に限っては、日本警察犬協会が実施する「公認訓練士」の三等訓練士資格が必要**です。

そして、この資格を取得するには、**民間の警察犬訓練所に「見習い訓練士」として入所し、住み込みで働きながら訓練法と知識を学ぶのが一般的**です。

見習い期間中は、犬の訓練と世話で1日が終わり、休日は競技会に出場するための訓練を行います。また、訓練しながら公認訓練士の資格も得なければなりませんので、ほぼ休みなく働く覚悟が必要です。

見習い期間は5〜6年ほどで、一人立ちしたあとは、さらにキャリアアップのための資格を目指したり、訓練所を開業することもできます。

Q uestion　嘱託警察犬訓練士は、捜査に参加できるの？

A nswer　嘱託の訓練士も捜査に参加します。自分がトレーニングした犬が警察犬の検定試験に合格すると、事件があれば出動要請がかかります。そして警察官と一緒に、警察犬と訓練士がペアになって追跡捜査などを行います。

嘱託警察犬の訓練士になるための資格内容

嘱託警察犬訓練士になるには、日本警察犬協会が発行する公認訓練士の資格が必要で、まずは三等訓練士に合格しなければなりません。

日本警察犬協会の「公認訓練士」のシステム

日本警察犬協会では公認訓練士を5つの階級に区分しており、三等訓練士から順次昇格するシステム。最初の三等訓練士試験に合格すれば「公認訓練士」となり、警察犬訓練士として認められる。資格取得後は2年ごとに登録更新が義務付けられている。

公認訓練士の資格級

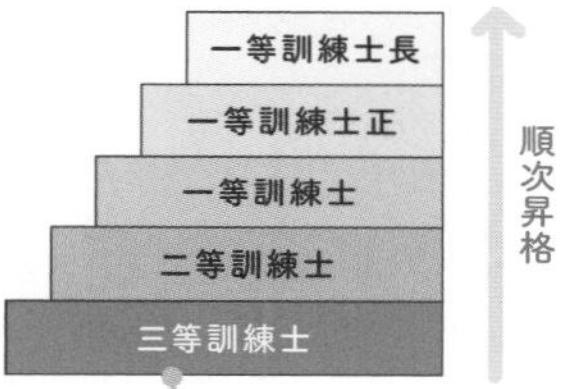

まずは、三等訓練士の合格を目指す！

最高位の一等訓練士長になるには約18年かかるともいわれていて、資格取得後も努力を続けている人が多いよ！

「三等訓練士」試験の受験資格の条件は3つ

1. 日本警察犬協会の会員で満18歳以上の人。
2. 訓練の経験を有しこれに関係している人。
3. 日本警察犬協会が実施している訓練試験科目に、
   2頭以上5科目以上の合格実績がある人。

この3つの条件を満たし、人物・素行などが判定されて、適当と認められると学科試験を受けることができる。合格すると「三等訓練士」として日本警察犬協会に登録され、免状、公認訓練士証、記章が交付される。

学科試験では、犬に関する心得、犬学（概論）、訓練法、繁殖、飼育管理、畜犬に関する法令と規則などが出題されるよ。

ZOOM IN!

嘱託警察犬は好きな犬種を警察犬にできる!?

日本警察犬協会が警察犬として認めている犬種は7種。しかし、嘱託警察犬は7種以外の犬種でも警察犬になれる場合があり、トイ・プードルやチワワが嘱託警察犬になった実績もある。

警察犬として認められている犬種

＊ジャーマン・シェパード・ドッグ
＊ドーベルマン　＊エアデール・テリア
＊ボクサー　＊コリー
＊ゴールデン・レトリーバー
＊ラブラドール・レトリーバー

08 盲導犬訓練士になるには？

訓練所の研修でステップアップ

盲導犬、聴導犬、介助犬など、身体の不自由な人をサポートする補助犬の訓練士も活躍しています。ここでは盲導犬訓練士について、紹介しましょう。

盲導犬訓練士になるには、**全国にある盲導犬育成団体の審査に合格して職員になる必要があります。**その審査を受けるには、盲導犬を育成している加盟団体に入所して働きながら3～5年間の研修を受ける、もしくは日本盲導犬協会の盲導犬訓練士学校の基礎科（2年）と専修科（1年）を修了して資格を得る方法があります。ただし、どちらも募集人員が少なく、非常に狭き門です。

盲導犬訓練士になったら、**さらに2～3年勉強をして、視覚障害者に盲導犬との歩き方や犬の世話の仕方をレクチャーする「盲導犬歩行指導員」の資格取得を目指す必要があります。**この盲導犬訓練士と盲導犬歩行指導員の認定がなければ、視覚障害者を安全に導くことができません。やりがいも責任も大きい仕事です。

POINT

研修中は知識、訓練成果、適正をチェック

研修は視覚障害者や犬の訓練に関する知識を学び、有資格者の指導のもと、12頭以上の盲導犬を訓練することが求められます。同時に適性なども判断され、合格したら盲導犬訓練士として認定されます。

盲導犬訓練士の1日のスケジュール例

8:30	ミーティング（朝礼や伝達事項の共有）
8:40	犬舎の管理（食事の準備・トイレ掃除など）
9:30	担当犬の健康チェック
9:45	午前の訓練
12:00	昼休み
13:00	犬たちの排泄
13:00	午後の訓練
16:00	犬舎の管理（食事の準備・トイレ掃除など）
17:00	日報など各種報告書の作成
19:00	夕食

世話をしながら、犬の様子と体調をチェック！ 1人の訓練士で3～4匹の犬を担当。

1匹の訓練時間は30分～1時間。訓練中、ほかの犬はただひたすら待つ。この待つことも大切な訓練！

時間を決めての排泄行動も訓練のひとつ。

訓練の合間には盲導犬ユーザーやボランティアスタッフの対応を行う。

【宿直の場合】

20:30	犬舎の管理（排泄など）
6:30	犬たちの排泄と食事の準備

宿直がない訓練所では、交代制で早朝出勤するところもある。

ZOOM IN!

盲導犬の訓練時間は、1日2時間ほど

厳しい訓練をしていそうな盲導犬の卵たちですが、1回の訓練時間は30分～1時間、1日の訓練時間を合計しても2時間ほど。訓練を始めたばかりの子犬の頃は、わずか数分程度だそう。犬が集中できる時間は限られているので、短時間で濃密なトレーニングを行う。

盲導犬について知ろう！

人のために働く盲導犬の生涯を確認してみましょう。

1 盲導犬候補犬が誕生

ママのおっぱいで
すくすく育つよ

日本盲導犬協会には、出産や子育て、訓練、引退犬の医療ケアなど多くの機能を兼ね備えた施設があり、そこで盲導犬候補になる犬が年間100～120匹誕生する。生後2カ月まで、母犬のそばで兄弟姉妹と一緒に過ごす。

2 パピーウォーカーのもとへ

生後2カ月から1歳までの約10カ月間、パピーウォーカーと呼ばれるボランティアの家庭に引き取られ、愛情をたっぷり受けながら、人間に対する信頼感を育む。

お別れは悲しいけど
ボクにはやるべき
ことがあるんだ！

人間って
あったかいな～

1歳になるとパピーウォーカーのもとを離れ、盲導犬になるためのトレーニングが、訓練センターで1年間にわたって行われる。

盲導犬にラブラドール・レトリーバーが多い理由

日本では約850匹の盲導犬が活動していて（2022年3月31日現在）、そのほとんどがラブラドール・レトリーバー。理由は、人間のことが好きで、独立心がありながら共同作業を好む犬種だから。しかし性格には個体差があるため、訓練の過程で人を怖がったり、または甘えん坊すぎる犬は候補からはずされ、家庭犬として飼育される。

ほら、できたよ！
ほめてほめて♪

3 基本動作の訓練を開始

最初の訓練は「Good」の言葉を覚えること。こちらの要求に応じられたら「Good」と言って褒め、それを繰り返すことで褒められることは楽しいことだと学習させる。毎日トレーニングを重ね、すわれ、左に付け、伏せ、などの基本動作を覚える（約6カ月間）。

4 盲導犬になるための訓練を開始

基礎動作を覚えたら、盲導犬としての訓練がスタート。人を安全に歩行させる誘導訓練、人と車が行き交う市街地での交通訓練など、いくつものトレーニングを繰り返して覚える（約6カ月間）。

役に立つことがうれしい

5 盲導犬としての生活がスタート

試験に合格したら、いよいよ盲導犬としての生活がスタート。どんなに優秀な犬でも「日常」を繰り返しているうちに、訓練したこととは違った行動をしてしまうことがあるので、定期的に担当訓練士がフォローアップする。

6 盲導犬としての仕事を終えて……

10歳になると仕事を引退し、ボランティアの家庭に引き取られ、家庭犬として余生を過ごす。

がんばって
仕事をやり通したよ

＼ どうやって教えるの？ ／

家庭犬しつけトレーニングをちょっとだけ伝授！

犬のトレーニング法は犬の性格や年齢などによっても変わります。ここではトレーニングの一例を紹介します。

指導：佐《さ》藤《とう》 薫《かおる》 さん
都内の犬のしつけ教室でドッグトレーナーとして活躍中。

「おすわり」を教える

1 ご褒美（おやつ）を手に握り、犬の鼻先の近くに持っていく。犬がその手を嗅ぎにきたところから、しつけ開始！

1回のご褒美は、ドライタイプのものなら小指の爪よりも小さくてOK。

2 ご褒美を持つ手をゆっくり動かして、犬がついてきたらご褒美をあげる。

犬が磁石のようにくっついてくるから「マグネット誘導」と呼ばれている。

3 犬の鼻先が天井を向くようにゆっくり手を上に動かすと、自然におすわりの態勢になるので、褒めてご褒美をあげる。

「できたことをその場ですぐ褒める」ことが大切。

4

❶〜❸を繰り返し、おすわりがスムーズにできるようになったら号令を加える。「おすわり」の号令で、おすわりができたら、褒めてご褒美をあげる。

「おすわり」と言ってから手を犬の鼻先へ少し動かすことで、号令と行動が結びつき、早く覚えることができる。

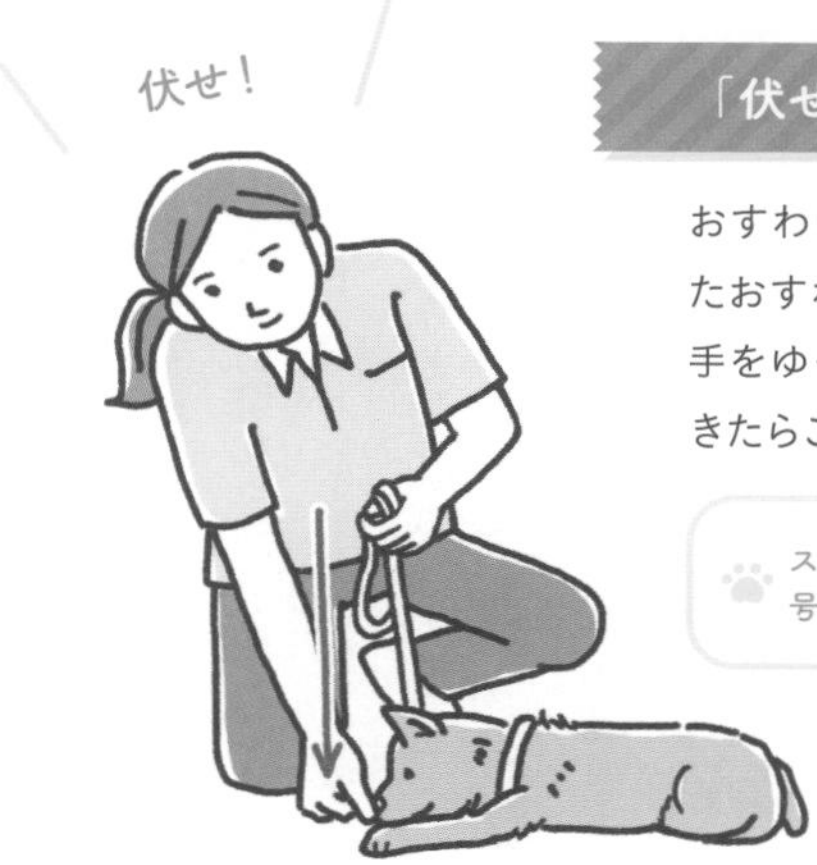

「伏せ」を教える

おすわりができたら、「伏せ」にトライ。鼻先が上を向いたおすわりの状態から、「伏せ」と言ってご褒美を持った手をゆっくり下ろせば、自然と伏せの体勢に。伏せができたらご褒美をあげる。

スムーズにできるようになると、手の動きやご褒美がなくても、号令だけで「おすわり」「伏せ」ができるようになる。

ZOOM IN!

ご褒美の疑問を解決！

Q ご褒美はどんなものをあげるの？

A 主食のドライフードでOK。ただし、食べなれているものは学習効率が下がることもあるので、大好きなおやつなどを、人の小指の先（1cm）程度の大きさにしたものをあげます。与えすぎは禁物。

Q おやつのご褒美に抵抗がある

A ご褒美はおやつだけとは限りません。トレーニング前にとにかく楽しく遊ぶ、求めていることができたときは、しっかり褒めてあげるなど、その犬が楽しい、うれしいと思うことがご褒美になることもあります。

夢をかなえて独立開業 若い人が抱く大きな夢を実現させてあげたい！

現役ドッグトレーナー

中《なか》川《がわ》慎《しん》悟《ご》さん

TCA東京ECO動物海洋専門学校ドッグトレーナーコース卒業。ドッグスクールOne'sWish代表。世界的なアジリティー競技会の「USDAA WORLD CHAMPIONSHIP」で日本代表に選ばれる。「OPDESアジリティ競技会」「JKCアジリティー競技会」での優勝経験を持つ。

――中川さんがドッグトレーナーを志したきっかけは？

子どもの頃から動物と関わるのが好きで、ドッグトレーナーになるための専門学校への進学を決めました。

入学した時点で、すでに「動物業界で働くんだ」という強い意志を持っていました。

――印象に残っている授業はありますか？

自分が納得のいく環境で、深い知識と高度技術を習得できる専門学校を入念に探しました。

そのかいあって、授業ではドッグトレーナー業界トップレベルの方々のテクニックを間近で見ることができました。とくにアジリティー競技のトレーニングを見たときは、とても感動し、自分もアジリティーのトッププレーヤーになりたいと強く思いました。卒業後はドッグトレーナーアシスタントを経て、２０１２年に独立して開業し、現在はドッグスクールを運営しています。

――仕事内容とやりがいを教えてください。

私のドッグスクールでは主に３つのことを行っています。まずは犬のしつけ指導。これは飼い主さんに対して、犬の飼い方や扱い方を教えるレッスンで、しつけ全般に関する飼い主さんのお悩みを解決できるよう指導しています。オビディエンスという基本的な服従訓練も行っています。

次にアジリティーのレッスンです。どの犬でもアジリティー競技を楽しめるようにレッスンをしています。

そしてイベントの運営です。犬に関わるさまざまなイベントの開催やお手伝いを積極的に行っています。犬をうまく扱えなかった飼い主さんが成長していく過程や、競技会などで愛犬と楽しそうに笑顔で走っている姿を見られたときにやりがいを感じます。

——ドッグトレーナーを目指すために、やっておいたほうがよいことはありますか？

「人に伝えること」がいかに難しいかを日々感じています。飼い主さんに犬の扱い方を伝える場面では、コミュニケーションスキルが必要です。トレーニング方法やテクニック、犬の知識は専門学校での授業や仕事に慣れていくことで自然と身に付くので、それ以外の部分で、コミュニケーション力を高めることを意識しながら過ごすとよいと思います。

そんなに難しいことではありませんが、「きちんと挨拶をする」「相手の話をよく聞く」などを意識するだけで、コミュニケーション力を高めることができます。

また、飼い主さんも犬も、それぞれみんな性格が違いますし、抱えている問題や事情も同じではありません。問題を冷静に見抜く客観的な視点を養えるとよいでしょう。これは相手の立場に寄り添う気持ちと、コミュニケーションを大切にすることを意識すれば、自然と身に付くと思います。

——今後のキャリアプランを教えてください。

自分自身に関しては、引き続きトレーニングやアジリティー、イベント等を通して、1匹でも多くの犬を幸せに、飼い主さんを笑顔にしていきたいです。

それとは別に、「動物業界の仕事に就きたい」とか「ドッグトレーナーになりたい」と夢を持ち、がんばっている人のお手伝いができればいいなと思います。

動物を相手にする仕事ですから、ほかの職業にはない大変さがありますが、その分、やりがいと達成感は大きいです。若い人が抱く大きな夢を実現させてあげたい、と強く思っています。

▶アジリティーの大会に出場する中川さん。

専門学校に通う先輩のリアルな声を大調査！

～ドッグトレーナー・学生編～

学生インタビュー❶

田《た》上《がみ》彩《あや》菜《な》さん

千葉県出身。TCA東京ECO動物海洋専門学校ドッグトレーナー専攻2年生。

進路を選んだ理由は？

もともと「好きなことを仕事にしたい」「学校で学んだことを活かした仕事をしたい」と考えていました。小さい頃から犬が好きだったので、ドッグトレーナーの道を選びました。

入学してよかったなと感じることは？

同じ目標を持つ仲間と出会えたことです。それぞれ違った意見を交換し合えることも貴重な体験でした。また、プロフェッショナルな先生方と一緒にトレーニング内容を考えられることがよい経験になりました。

授業で大変なことは？

ドッグトレーニング実習です。一番好きでやりがいがある反面、一番エネルギーを使います。それが自分の成長の糧になっているとも感じています。

将来のキャリアプランは？

家庭犬のドッグトレーナーを目指しています。犬への正しい理解を持つ人を増やす活動をしたいのと、飼い主と犬の絆を深めることができるドッグトレーナーになりたいです。

学生インタビュー❷

松《まつ》本《もと》裕《ひろ》斗《と》さん

神奈川県出身。TCA東京ECO動物海洋専門学校ドッグトレーナー専攻1年生。

進路を選んだ理由は？

盲導犬の訓練は行ったけれど性格が不向きと判断され、キャリアチェンジをした候補犬を家に迎えたのですが、その前に飼っていた犬とのしつけレベルの違いを目の当たりにして、ドッグトレーナーに興味を持ちました。

学校を決めた理由は？

家庭犬のトレーナーを目指しているので、学校にたくさんの登録犬がいて、飼い主の方から犬を預かってトレーニングができる環境に魅力を感じました。

授業で大変なことは？

トレーニングの授業では180分の間に5匹を担当しているため、単純計算で1匹につき36分しか時間をかけることができません。使える時間を少しでも増やしたいと、試行錯誤しています。

入学してから成長を感じていることは？

コミュニケーションスキルです。対人スキルに不安を感じていたのですが、実践的な授業での接客経験やイベントへの参加で、コミュニケーションスキルを磨く努力をしました。

PART 6

好きを仕事に！ を実現するために

就活と実習先での困ったを解決！

数年後——
夢に
向かって！
よし！
コムギ
行ってくるね
4
実習!
ニャー

みらーい！
佳那！
今日は実習の初日ね
がんばって！
こら！
ステイ！
はっ
はっ
はっ
はっ
はっ
はっ
佳那はすっかり
警察犬の訓練士って
感じが板に付いてきて
かっこいい！
ぴたっ
まだまだ
見習いで
失敗ばかり
だけどね
がんばってね
うん！
がんばる！

動物病院
実習生の神崎未来です
よろしくお願いします
ミーティング
診療の見学
手術見学
入院ケージの清掃
神崎さん疲れたでしょ？少し休んでいいわよ
あ
先輩

なにかお手伝いすること ありますか？
なければ 外に散った花びらが たまっていたので 掃いてきます
じゃあ お願いできる かしら？
はい
あの子 いいね
私も そう思います

PART6

01 ペット業界で就活を始めよう

就職活動は自分から積極的に動こう

動物業界の就職活動は、自分が置かれている境遇によって異なります。

まず、ほとんど知識がなく、**未経験から就職を目指す場合は、アルバイトやパートタイマーなどの非正規雇用からステップアップしていく人が多いです。**求人情報サイトで気になる求人を見つけたら、積極的に応募しましょう。

専門学校や大学の卒業見込者の場合は、**在学中にインターンシップや実習訪問したところに就職するケースも多い**です。ただし、動物に対するサービスや待遇は病院やサロンによって違うので、可能であれば最低4～5件以上は実習や見学をすることをおすすめします。

なお、個人経営の動物病院やペットサロンなどは、一般の求人サイトに掲載がないこともあるので、まずは担任の先生や就職支援担当の先生にどんなところで働きたいか相談して紹介してもらったり、ＯＢ訪問などを活用して自分で情報を集める必要があります。

Question

「OB訪問」ってなに？

Answer

同じ学校を卒業して実際に働いている先輩に話を聞くOB訪問は、現場の雰囲気や環境を知ることができるのでおすすめです。友人・知人や就職支援の先生などに該当する先輩がいないか探してもらいましょう。

求人の探し方の例

就職課やハローワークを活用する

専門学校には動物業界の求人がたくさんきているので、積極的に担当の先生に相談して、気になる求人を紹介してもらおう。また、ハローワークの利用もおすすめ。登録すれば、いつでも自宅からインターネットで求人情報を確認することができる。

インターネットで探す

全国の求人が探せる求人情報サイトの活用は、今や就職活動の定番。情報は定期的に更新されるので、こまめにチェックしよう。受付がすぐに終了してしまうこともあるので、気になる求人を見つけたら、すぐに募集条件などを確認すること。

知り合いをあたってみる

お世話になったことのある動物病院やペットサロン、ドッグトレーナーがいる場合は、働いている人に相談してみるのもOK。人手を探しているところを紹介してくれたり、求人が出たときに声をかけてくれる可能性もあるので人脈は大切。

ZOOM IN!

直接電話で問い合わせるときの注意点

個人経営のペットサロンや動物病院などは、求人をだしていなくても人手を必要としているケースがあるので、直接、電話やメールで問い合わせてみるのも方法のひとつ。電話をする場合は、営業終了間際など、相手が忙しくない時間帯を選ぶこと。自己紹介をしたら要件を手短にまとめ、求人の有無を確認しよう。

PART 6

02 実習先で気をつけることは？

実習やインターン先ではマナーを大切に

学校によっては、**動物病院やペットショップなどでの1日体験や、校外の施設で実習やインターンシップを数週間ほど経験できるプログラムが用意**されているところがあります。働く現場の雰囲気を肌で感じ、体験することで、動物への接し方はもちろん、「働く」イメージをつかむことができます。

しかし、あくまで「仕事の邪魔をしない」ことが大前提。邪魔にならない場所で見学したり、掃除や動物の世話の指示をされたら、わからないことは積極的に質問をして、一生懸命に取り組みましょう。決して勝手な判断で行動しないこと。

また、実習先はビジネスの現場です。実習先で年齢の近い人と仲良くなったとしても、**仕事中は敬語や丁寧語で話します。**

明るく元気な挨拶、時間厳守の行動、身だしなみを整えるなど、社会人の基本的なマナーはしっかりおさえ、前向きな姿勢で実習を受けましょう。

POINT

心配なことは先生や先輩に相談しよう

学校から紹介される実習先やインターン先は、**毎年、同じ現場で行われることが多い**ため、「うまくできるかが心配」など、不安な気持ちが少しでもあるときは、現場をよく知る先生や先輩に相談するとよいでしょう。

実習先でやっていけないこと

備品の移動

仕事をするときは指示を待つのではなく率先して動くことが求められるが、勝手に備品を移動させたり、整理したりするのはNG。実習生という立場をわきまえ、説明や指示を聞いてから動こう。

勝手な判断での回答

飼い主があなたを実習生と知らずに質問や相談をしてくることがあるので、「少々、お待ちください」と伝え、先輩や社員に質問があったことを伝えよう。動物の命にも関わるので、勝手な回答は絶対しないように！

メモを取らないで話を聞く

忙しいところ実習生の指導をしてくれる人に対し、ただ立って聞いているだけでは「学ぶ気がない」と判断されることも。メモはその場で要点を書き、家に帰ったら内容を整理することで、見返したときにも役に立つ。

学校で基本を学んだとはいえ、現場の人から見れば実習生は素人も同然。動物になにかあったら大変なので、実習生が診察に参加することはほぼありません。掃除などの業務をこなしながら、動物との接し方や薬品の整理の仕方、食事の与え方などを積極的に学びましょう！

PART6

03 面接でどんなことを質問される？

質問されそうなことはあらかじめ答えを準備

面接には定番の質問があるので、事前にどう回答をするか考えておくことで、緊張しすぎずに挑むことができます。

入室して最初に自己紹介を求められたら、氏名と学校、学科名などを簡潔に述べます。その後、**必ず志望動機を質問されます。履歴書と異なる内容を話すと発言に一貫性がないと思われるので、履歴書に書いたことを思いだしながら、しっかり答えましょう**。動物業界の仕事を目指す人の多くが「動物が好き」が志望動機になることが多いですが、それだけではなく、**「なぜここで働きたいのか」、自己PRと絡ませながら伝えることが大切**です。

次によく質問されるのが「ペットの飼育経験」や「学生時代のアルバイト経験」です。飼育経験がないからといって不合格になることはありませんから、「家では飼えませんでしたが、学校での飼育で動物からたくさんのことを学びました」など、正直に答えるのがポイントです。

POINT

内定辞退は早めに連絡を

もし、内定を辞退する場合は、**電話やメールどちらでも構わないので、一刻も早く先方に意向を伝えること**が重要です。はじめに内定をもらった感謝の気持ちを伝えたら、「誠に恐縮ではございますが……」と丁寧な言葉で辞退の意向を伝えましょう。

動物業界の求人でよくある質問と回答例

学生時代のアルバイト経験

ペット業界のアルバイトはもちろん、それ以外のアルバイトでも問題はなく、「働く」という経験から自分がどう成長したかを伝えることが肝心。「イベントスタッフの仕事を通じてチームワークの大切さを学んだ」「ホテルの受付で接客の楽しさを知った」など、経験で得たことを説明しよう。

勤務可能開始日

個人経営のペットショップや病院の場合、「できるだけ早く入社してほしい」と言われることも。しかし、「合格したい」という気持ちから「すぐに働けます」と伝えてしまうのはNG。「学校を卒業したら」「試験が終わったら」「○月○日から」など、自分の予定を確認して、先方に迷惑がかからないようにしよう。

趣味や特技

趣味や特技があると会話が広がるので、スポーツ、登山、キャンプ、読書、映画鑑賞など、動物以外の話せるエピソードをいくつか準備しておこう。

通勤方法・通勤時間

毎日、無理なく通勤できる距離なのかは、とても重要な検討項目。あまりにも遠方に住んでいる場合は、通勤が現実的ではないので、「就職したら一人暮らしをする予定がある」など、自分の考えを伝えよう。

ペットの飼育経験

ペットの飼育経験は面接でよく聞かれる質問。飼育経験がある場合は、心に残っているエピソードを話す。もし飼ったことがなければ、なぜ動物業界を目指したのか、これまで動物とどのように関わってきたのかを具体的に説明しよう。

動物アレルギーの有無

アレルギーの種類、状態にもよるけれど、アレルギーを持っている人でも動物業界で働いている人は少なくない。持病を隠すのはよくないので、「仕事中はマスクとメガネを着用させてほしい」など、対応策と希望を面接時に伝えられるようにしよう。

さらに数年後――
epilogue
まだまだ夢の途中だからもっと先へ！
Hair Salon
まさか達哉くんがお兄さんの美容院でペットのトリミングを始めたなんて……
お兄さんの知り合いのお店でトリマーの修行をしてたんだって
お兄さんと同じ美容師になるんだと思ってた

で　未来のほうは最近どうなの？
うん　毎日いろいろな動物がくるし
悲しい現実もあるけど病気の子が元気になって飼い主さんの笑顔を見るとやっぱりいい仕事だと思う
未来もたくましくなったわね
おかげさまで　で　佳那はどうなの？
近い将来に独立して基本的なルールをしつける〝子犬の幼稚園〟を始めようと思っているんだ
すごい!!
お待たせ

できたよ
かわいー!!
ほんと上手だね
まあね
そういえば
コムギは元気?

うん とっても元気よ
コムギのこと 覚えていて くれたんだ
もちろん
だってオレの 天職が見つかったのも コムギの おかげだから
?
まぁ いいって ことよ!
ねぇ どういうこと!?
教えなさ〜い!!
や やだよ!
はは
Fin

監修

TCA東京ECO動物海洋専門学校

学校法人滋慶学園が運営する、動物看護師、ペットトリマー、ドッグトレーナー、水族館、動物園スタッフなど動物業界を目指す人のための専門学校。動物関連企業や施設から要請を受け、プロと共に現場を体験する「企業プロジェクト」では、在学中に、イベントやショーの企画、動物学会のサポート、犬のしつけスタッフ、ペットショップディスプレイなど幅広い経験を積むことができる。海外実習にも力を入れていて、知識と技術、人間教育、国際教育の三方面から教育を実現。学生全員に実践経験の機会を与えることで、即戦力となる質の高い人材を育成している。

STAFF

編集・執筆　引田光江（グループONES）　髙橋優果
デザイン　棟保雅子
カバーイラスト　桃川ゆきの
マンガ　笠原ひろひと
イラスト　河原ちょっと

キミにもなれる！

愛玩動物看護師・トリマー・ドッグトレーナー

2024年1月25日　初版第1刷発行

監　修　TCA東京ECO動物海洋専門学校
発行者　佐藤　秀
発行所　株式会社つちや書店
〒113-0023　東京都文京区向丘1-8-13
TEL：03-3816-2071　FAX：03-3816-2072
E-mail：info@tsuchiyashoten.co.jp
印刷・製本　日経印刷株式会社